人工智能与数字系统工程

Artificial Intelligence and Digital Systems Engineering

[美] Adedeji B. Badiru 著
高星海 译

北京航空航天大学出版社

图书在版编目(CIP)数据

人工智能与数字系统工程 /（美）阿德吉・B. 巴迪乌（Adedeji B. Badiru）著；高星海译. -- 北京：北京航空航天大学出版社，2022. 8

书名原文：Artificial Intelligence and Digital Systems Engineering

ISBN 978-7-5124-3858-3

Ⅰ. ①人… Ⅱ. ①阿… ②高… Ⅲ. ①人工智能②数字系统一系统工程 Ⅳ. ①TP18②TP271

中国版本图书馆 CIP 数据核字(2022)第 140631 号

人工智能与数字系统工程

Artificial Intelligence and Digital Systems Engineering

[美] Adedeji B. Badiru 著

高星海 译

策划编辑 董宜斌 责任编辑 杨 昕

*

北京航空航天大学出版社出版发行

北京市海淀区学院路 37 号(邮编 100191) http://www.buaapress.com.cn

发行部电话:(010)82317024 传真:(010)82328026

读者信箱:copyrights@buaacm.com.cn 邮购电话:(010)82316936

三河市华骏印务包装有限公司印装 各地书店经销

*

开本:710×1 000 1/16 印张:10.5 字数:145 千字

2022 年 8 月第 1 版 2024 年 5 月第 2 次印刷

ISBN 978-7-5124-3858-3 定价:59.00 元

若本书有倒页、脱页、缺页等印装质量问题,请与本社发行部联系调换。联系电话:(010)82317024

Artificial Intelligence and Digital Systems Engineering 1st Edition
by Badiru, Adedeji B.

北京市版权局著作权合同登记号 图字:01 - 2022 - 0366 号

译者序

本书的目标在于帮助更多的人从系统角度来理解并接受人工智能(AI)最新技术的应用模式。近年来,人工智能从新兴技术走向成熟技术,全球化和产业化加剧使人工智能处于高速扩张的战略机遇期。由此,其为众多领域带来巨大变化,同时,也将为理论研究和工程开发方法方面带来深层次的影响。正如图灵奖得主、贝叶斯网络奠基人朱迪亚·珀尔(Judea Pearl)指出的那样,从当前以数据为中心的范式向以科学为中心的范式的转移进程中,一场席卷各个研究领域的"因果革命"随之而来,其核心是构建新逻辑的数学语言和推理引擎框架。本书致力于推动下一代的人-机自主团队运行概念以及依赖 AI 的系统工程技术的发展,面向怀揣好奇心的系统工程专业人士,提供有关人工智能系统的理论、模型、方法和应用的回顾、思考和展望,使其更全面地洞悉人-机自主系统这一颠覆性创新所能带来的机会和面临的风险。

系统工程和人工智能融合的要素特征

关于人类智能和机器智能的认识,决定着未来人工智能在系统工程中的应用模式,有必要真正理解自然智能和人工智能的含义——自然智能涉及人类获取知识、知识推理并利用知识有效地解决问题的能力,当然也涉及基于现有知识开发新知识的能力;而相比之下,可以这样界定人工智能——机器利用所模仿人类的知识来解决问题的能力。当我们准备投入到自然智能与人工智能的融合过程时,理所当然地期望以系统为中心的方法论能助一臂之力。

人工智能绝非孤立的一个事物，我们需要以不同的视角来看待它的出现，其同样源于各种元素的集合，包括软件、硬件、数据平台、策略、程序步骤、规范、规则甚至于人的直觉。我们如何利用这样一个涉及多个方面的系统，使其从事那些看似智能的事情，并让它具有人类思考和工作方式的典型特征——这将需要秉持以系统为中心的思想来寻求人工智能技术元素的融合，也是当前系统工程实现 AI 的现实问题。

至于 AI 的应用背景，始终存在着各种有争议的观点和多样化的技术方法。争议内容涉及从智能的基本定义到人类追求人工智能的道德和伦理方面的质疑。尽管至今还是存在悬而未决的争议，但这项技术仍继续创造着实际的效用。随着人工智能研究的日益深入，许多争议已被或将被验证的技术方法所解决。

在 AI 的研究中发现，计算机现在能够完成曾经超乎想象的事情。由于专家系统背后的技术在过去十年中变化不大，因此问题不在于该技术是否有用，而在于如何实现它。这就是为什么本书提出的集成化的方法十分有用。必须用人类智能来调和它，最好的混合方式是机器智能与人类智能的集成。在过去的几年中，专家系统已被证明其在解决工程和制造环境中重要问题方面具有潜力。我们发现现实世界的问题最好通过由人员、软件和硬件组成的系统管理所涉及的集成策略予以解决。

驱动人工智能演进发展的技术特征

历来，人类在各种行动中向往拥有像智能机器这样的朋友，这一信念推动着人工智能在科学、技术、工程以及数学方面的进步。

依据 17 世纪英国哲学家和思想家托马斯·霍布斯（Thomas Hobbes）的说法，机器思维涉及由计算所构成的符号处理和推理过程。机器有能力解释符号并通过符号的操纵来寻求到新的意义——这一过程被称为符号人工智能。与机器学习（ML）和其他一些人工智能方法相比，符号人工智能通过创建清晰、可解释的规则来引导推理，从而提供从问题到方案的完全透明的过程。霍布斯认为思维由符号的运算组成，生活中的一切都可由数学来表示。这些信念直接带来了这样的一种观念——能够对符号进行数学运算的机器可以模仿人类的思维，这也成了 AI 发展背后的基本驱动力。正是出于这个原因，人们将霍布斯称为"人工智能的哲学祖父"。

英国数学家艾伦·麦席森·图灵在 1936 年提出了"图灵机"的理论。图灵机又称图灵计算机，它不是真正的机器，而是一个数学模型、一个概念，就像状态机、自动机(automata)或组合逻辑一样。它是纯粹的计算模型，将人们使用纸笔进行数学运算的过程进行抽象，由一个虚拟的机器替代人们进行数学运算。艾伦·麦席森·图灵为问题求解机器概念的构思做出了重大贡献，该机器仅根据输入的可变指令就可普遍用于所有问题。

1945 年，冯·诺依曼建议将计算机构建为能够执行各种程序的通用逻辑机，并坚信这样的机器具有高度的灵活性，可以根据计算的结果在多个方案中进行选择，从而做出明智的反应。冯·诺依曼也并不是计算机的发明者，而他提出的前所未有的概念，代表了一台能够执行指令运算而内置智能的机器，为后来基于计算机应用而诞生人工智能开辟了道路。

1956 年开创人工智能有组织研究先河的达特茅斯会议，主要是作为交流信息的渠道，更重要的是成为 AI 研究工作重点的转折点。会议并没有过多地关注硬件如何模仿智能，而是设立专题来研讨计算机处理数据的结构，使用计算机处理符号、新语言的需要以及在测试理论中计算机的作用。

1959 年艾伦·纽厄尔、克里夫·肖和赫伯特·西蒙开发了通用问题求解器(GPS)程序，之后人工智能技术的进步与软件技术的发展愈加密切。GPS 可作为人类问题求解的理论方法，在这一框架中的信息处理过程，试图解释所有的记忆操作、控制过程和规则等功能行为，从而采用模拟程序的形式来陈述问题，该程序及其相关理论框架对认知心理学的后续发展方向产生了巨大的影响。使用 GPS 解决问题的关键步骤是根据所实现的目标和转换规则来定义问题空间。GPS的手段-目的分析(means - end analysis)方法,作为一种解决问题的技术,识别当前状态、定义最终目标,以模块化的方式确定达到最终状态的行动计划。

在同一年,约翰·麦卡锡推出了一种称为LISP(List Processing,列表处理)的新的计算机编程语言。由于其具备独特的内存组织和控制结构,且不是依据前提条件引导到目标,而是从目标开始,逆向确定实现目标所需的前提条件,因此大大提高了研究人员开发AI程序的能力,作为最早的函数式程序设计的开拓者,诸多创新方面深远地影响着后续编程语言的发展,更是垄断人工智能领域长达30余年的应用。

之后的知识工程是在计算机上建立专家系统的技术。知识工程这个术语最早由美国人工智能专家E·A·费根鲍姆提出,并于1965年与他人合作开发出第一个成功的专家系统DENDRAL。专家系统也是AI领域中最早真正进入商业的应用。不同于之前AI的一般问题求解的期望,专家系统聚焦于解决特定的问题,它模仿人类专家在解决特定领域复杂决策问题时的思维过程,其研究内容主要包括知识的获取、知识的表示以及知识的运用和处理等三大方面。

人工神经网络是20世纪80年代以来人工智能领域兴起的研究热点,它将神经网络当作人工智能系统中仿真智能(模拟智能)的基础之一。神经网络反映人类大脑的行为,允许计算机程序识别模式并解决人工智能、机器学习和深度学习领域的常见问题。经典人工神经网络(ANN)从数据中学习,AI连接主义的系统不仅以自适应的增量方式从测量进化过程的数据中学习,而且从经训练的系统中提取规则和知识。尽管连接主义方法使用生理学数据来指导寻找潜在的原理,但它更倾向于更多地关注整体系统功能或行为,期望通过大脑计算的某些原理来解释人类的认知现象。

当前,在以生物学和语言学为基础的计算范式理论研究中诞生了计算智能的概念,有时也称其为软计算,其在于模仿和实现人类智能推理过程,关键的任务是让计算机从实验数据或观察中学习现实生活或复杂的问题。因此,需要将问题表述为计算机可理解的格式,计算智能使用一些试图模仿人类质疑和推理的技术。虽然模仿人类智能是复杂的,但针对问题的推理或质疑方式可以复制。计算智能综合地使用模糊逻辑、人工神经网络、进化理论、学习理论和概率理论等算法/方法,特别适合解决现实生活中的复杂问题。

人工智能的系统工程框架

数字化特征在于提高重复性和一致性。本书中所提出的数字系统框架将应用于工业工程、系统工程和数字工程相结合的流程,以可持续和可复用的方式实现资源的管理、配置和组织的过程,从而达成复杂组织和系统的运行目标。典型的决策支持模型是系统的表示方式,可用于回答有关系统的各种问题。虽然系统工程的模型有助于决策,但它们通常并不是传统的决策支持系统,而是使用系统工程方法将解决方案集成到正常的流程中。

对于复杂系统,没有哪一种技术可以轻易地满足问题的所有需求。在寻求解决现实问题的方法时,需要结合多种技术并运用混合的系统。混合系统旨在利用各个系统的优势,从而避免各个系统的局限性。对于大多数工程和制造问题的解决方案,不仅涉及启发式方法,还涉及数学计算、大数据运算、统计分析、实时信息管理、系统优化和人-机界面等。这些相关的主题将在本书中详细讨论。除专家系统的基本概念外,本书还提供了从问题选择、数据分析、知识获取以及系统开发到验证、确认、集成、实现等工作指南。

面对所有的AI系统和流程,人们期望满足诸如有效性、高效性、易用性、优雅性、安全性、安保性、持续性等目标。本书中提出人工智能的概念化和运行化的定义,强调在系统思维的有关背景下,每个元素如何在AI基础设施的整体架构中发挥作用。在人工智能的系统工程框架中,我们可以采用构建系统视图的方式来定义那些达成的愿望；同时将采用基于系统的方法，针对商业、工业、政府、军队以及学术领域的各个方面，研究人工智能的普适性作用和独特的贡献，从而由系统方法促进设计、评估、证实和集成等流程的实现。

本书将讨论数字时代中，在系统工程（SE）的概念、工具和技术的背景下，AI 是如何迅速发展的。系统工程是一门致力于集成各种元素来实现更强大系统整体能力的学科。因为在今天，人们期望更具快捷、高效、适应、一致的系统集成能力，从人工智能（AI）的角度来看，数字时代由基于数字的科学、技术、工程和数学（STEM）所构成，因而数字框架对于 AI 的实现至关重要，关键的特征将涉及模型协同的生态、开放式架构、系统生命周期的可持续性集成、大规模计算的基础设施、安全数据存储和云部署、可用性和可访问性以及支持敏捷运用的数字平台等。本书将介绍一种用于系统的设计、评估、证实和集成（DEJI）的性能增强模型，该模型与数字系统工程、AI 应用研究密切相关。系统工程 DEJI 模型为数字系统平台提供了一个可选的方法，通常适用于一般类型的系统建模，但这一结构化框架和系统工程模型特别适合于数字系统中实现 AI 的应用。

高星海

2022 年 4 月于北航

致力于自然智能和
人工智能的融合

前　言

本书在于提供人工智能(Artificial Intelligence,AI)和数字系统工程的简明概述,并非面面俱到,而是针对一般读者勾画出快捷的一览图,其更多是面向当今的数字时代,启发人们理解人工智能对社会发展的预示意义。本书将采用基于系统的方法,就研究贡献的各个方面来表明人工智能的普适性作用,包括商业、工业、政府、军队,甚至学术领域。系统方法促进了设计、评估、证实和集成流程的实现。

本书最重要的是明确提出集成在实现所有人工智能目标中的角色。AI成为现代卓越运行的数字生命线。为实现人工智能应用的科学和技术资产的转化,本书简要介绍了相关技能和方法论。人工智能对于不同的人可能意味着不同的事物,本书提出人工智能的概念化和运行化的定义,强调在系统思维有关的背景下,每个元素如何在 AI 基础设施的整体结构中发挥作用。一些定义用于概念化过程框架中,而另一些则用于技术平台中。在人工智能工具应用方面,某些组织在不断创新;而另一些组织则善于研究和开发新的人工智能工具。因此,我们必须澄清人工智能的各种角色、意义和背景,本书聚焦于此,在于达成这一目标。在 AI 应用过程中,首要问题是组织领导者如何接纳 AI 的应用及其带来的结果,本书将解释各种不同之处。

致　谢

感谢我的同事、学生和合作伙伴，正是他们多年来的激励，使我坚持不懈地撰写相关主题的论文，在教学、研究和知识拓展方面，对我而言意义非凡。虽不能一一列出，在此我向所有人致以崇高的敬意。

目　　录

第 1 章
理解人工智能

1.1 简 介

人工智能(Artificial Intelligence,AI)绝非是孤立的一个事物,它是各种元素的汇聚,其中包括软件、硬件、数据平台、策略、程序步骤、规范、规则以及人的直觉。我们如何利用这样一个涉及多个方面的系统,使其从事那些看似智能的事情,并让它具有人类思考和工作方式的典型特征——这将是系统实现的问题。这就是为什么本书以系统方法论为前提。尽管,近期人工智能的显示度和炒作有所提升,但它实际上已存在,并应用了数十年。如今,高性能计算工具的可用性和普及性又将 AI 推到最前沿,AI 系统所需的数据密集处理能力得以解决。在以下技术发展的驱动中,人工智能将会强势回归:

- 新型计算技术和更强大的计算机的出现;
- 机器学习技术;
- 自主系统;
- 新的/创新的应用;
- 专业的技能:采用康托尔集(Cantor Set)[①]分段的智能计算搜索技术;
- 人在回路的需求;

① 译者注:德国数学家格奥尔格·康托尔(Georg Cantor)1883 年构造了三分康托尔集,奠定了现代点集拓扑学的基础。三分康托尔集中有无穷多个点,所有点都处于非均匀分布状态。点集具有自相似性,局部与整体相似,所以是一个分形系统。

● 系统集成的各个方面。

早在20世纪80年代中期，作者就曾主导了许多的研发项目，将AI软件和硬件嵌入到传统人类决策流程中。人工智能已革命性地改变了并将继续改变着我们所见和所应用的许多事物，因此，我们需要关注这些新的发展。

1.2 历史背景

至于AI的背景，始终就有着各种争议的观点和多样化的方法。争议内容涉及从智能的基本定义到人类追求人工智能的道德和伦理方面的质疑。然而，尽管存在着至今仍悬而未决的争议，但这项技术却继续创造着实际的效用。随着人工智能研究的日益深入，许多当时的争议已被经验证的技术方法所解决。专家系统是本书的一个重要的主题，也是人工智能最有前途的分支。

至于技术层面，“人工智能”是一个有争议的名称，它在提高人类工作效率方面具有巨大的潜力，但这一名称似乎挑战了人类唯一拥有创造真正智慧能力的自豪感。调侃的观察家们编造了各种关于人工智能的趣闻。一位演讲者曾经讲述了这样的笑话，当听说他正在对某项人工智能新技术进行投资后，他妻子附和道：“谢天谢地，尽管我这些年来一直在说，你终于意识到自己是多么的愚蠢。”据称这是他妻子鼓励他的话。人工智能的另一个可笑的定义是：在机器中实施知识的人工受精。虽然这充斥着嘲笑的言论，但最终谨慎接纳人工智能的人们笑到了最后。事实一次又一次地表明，在众多应用领域，人工智能可能是提高运行效率的关键所在。一些观察家建议将“人工智能”更改为争议较小的术语，如“智能应用（Intelligent Application,IA)”,更加注重创新地应用计算机和软件来解决复杂的决策问题。

自然智能涉及人类获取知识、知识推理并利用知识有效地解决问题的能力,也涉及基于现有知识开发新知识的能力。相比之下,我们可以这样定义人工智能:机器利用所模仿人类的知识来解决问题的能力。

1.3　人工智能的起源

其实,许多古代的哲学家和数学家都曾寻求给出智能的定义,包括亚里士多德、柏拉图、哥白尼和伽利略。这些伟大的哲学家试图解释思考和理解的过程。然而,直到17世纪50年代英国哲学家托马斯·霍布斯提出了一个有趣的概念之后,人类才真正地找到了开启模仿智能之门的钥匙。霍布斯认为思维由符号的运算组成,生活中的一切都可由数学来表示。这些信念直接带来了这样的一种观念——能够对符号进行数学运算的机器可以模仿人类的思维。这是AI发展背后的基本驱动力。基于这个原因,有时人们将霍布斯称为“人工智能的祖父”。

虽然人工智能一词是由约翰·麦卡锡在1956年创造的,但这个想法在几个世纪前就有人思考过了。早在1637年,勒内·笛卡儿在概念层面上探求机器具备智能的能力,他曾经说过:因为我们完全可以想象一台机器在一些情况下能讲出某些话,这些话具体涉及到一些影响其物理运作的行动。然而,无论在它们面前说什么,而作为回应,没有一台这样的机器能够以不同的方式排列词语——而即使是最迟钝的人也可以做到。

笛卡儿相信意志世界和物质世界处于平行的平面上,无法将两者等同。它们属于不同的实体本体,遵循着完全不同的规则,因此无法比较。物理世界(即机器)无法模仿思想,因为它们中没有公共的基准。

霍布斯提出了一个想法，即思维可以简化为数学运算。另一方面，笛卡儿洞察到机器可能有朝一日能够执行某些功能，但对于思考就是一个数学处理过程的观点，他持有保留意见。

19世纪在计算机的概念化方面取得了一些进步。英国数学家查尔斯·巴贝奇(Charles Babbage)为计算机的构造奠定了基础，将计算机定义为能够执行数学计算的机器。1833年，巴贝奇推出了一个分析引擎，这样的计算机融合了两个前所未有的想法，由此成为现代计算机的关键元素。首先，它具有完全可编程的运算；其次，引擎中包含有条件分支。如果没有这两种能力，那么今天拥有强大功能的计算机则是不可想象的。由于缺乏经费支持，巴贝奇从未能实现构建分析引擎的梦想。然而，通过后来研究人员的努力，他的梦想得以复活。巴贝奇的基本概念可在当今大多数计算机的运行中观察到。

另一位英国数学家乔治·布尔(George Boole)致力于解决同样重要的问题。布尔构想的"思想法则"，为表示思想建立了逻辑规则。这些规则仅包含二值变量。由此，逻辑运算中的任何变量都可处于以下两种状态之一：是或否、真或假、有或无、0或1、开或关，等等。这就是数字逻辑的诞生，人工智能研究工作中的关键组成部分。

在20世纪的早期，阿尔弗雷德·诺斯·怀特海德(Alfred North Whitehead)和伯特兰·罗素(Bertrand Russell)进一步扩展了布尔逻辑，用以包括数学运算。这不仅导致了数字计算机的出现，而且还使计算机与思维过程之间第一次建立联系成为了可能。

然而，仍然缺乏一种可接受的方法来构建这样一台计算机。1938年，克劳德·香农(Claude Shannon)发表了《继电器和开关电路的符号分析》(*A Symbolic Analysis of Relay and Switching Circuits*)。这项工作表明，仅由两个变量状态组成的布尔逻辑(例如，电路开、关的切换)，可用于执行逻辑运算。基于这一前提，ENIAC(Electronic Numerical Integrator and Computer,电子数字积分器和计算机)于1946年在宾夕法尼亚大学建成。ENIAC是一台大型的支持完全运算的电子计算机,标志着第一代计算机的开端,比前一代机电计算机运算快1 000倍。它重达30 t,有两层楼高,占地1 500 ft^2(1 ft=0.304 8 m)。与当今以二进制代码(0和1)运行的计算机不同,ENIAC以十进制(0,1,2,…,9)方式运行,它需要10个真空管来表示十进制数字。ENIAC拥有的真空管超过18 000个,需要大量的电力,据说每当它开始运转时,费城的灯光都会变得暗淡起来。

1.4 人类智能与机器智能

在1900—1950年期间,出现了两位顶级的数学家,同时也是计算机的热爱者——艾伦·图灵和约翰·冯·诺依曼。1945年,冯·诺依曼坚信计算机不应该被当作夸大的加法器,应能够执行所有事先指定的运算。相反,他建议将计算机构建为能够执行各种程序的通用逻辑机。冯·诺依曼表明,这样的机器具有高度的灵活性,能够很容易地从一个任务转移到另一个任务。它们可以对计算结果做出明智的反应,在替代方案中进行选择,甚至玩跳棋或国际象棋。这代表了当时闻所未闻的事物:一台内置了智能的机器,能够执行内部指令的运算。

在冯·诺依曼提出这个概念之前,即使是最复杂的机械设备也总是由外部来控制,例如,可利用刻度盘和旋钮来设置参数。冯·诺依曼并没有发明计算机,但他引入的概念同样重要——使用计算机程序进行计算,就像今天一样,他的工作为后来在计算机中诞生AI铺平了道路。

艾伦·图灵也为问题求解机器概念的构思做出了重大贡献,该机器仅根据输入的可变指令就可普遍用于所有问题。图灵的通用机器概念以及冯·诺依曼的包含有可按任意顺序访问的多指令的存储区概念，巩固了制造可编程计算机的想法，就此开发出了一种可以执行逻辑运算的机器，并可通过改变运行指令集以不同的顺序执行运算。

事实上，我们现在正在实现可运算的机器，关于机器“智能”的问题开始浮出水面。图灵对 AI 世界的另一个贡献是定义了智能是由什么构成的。1950 年，他设计了图灵测试来确定系统的智能。该测试利用三方之间的对话互动来尝试和验证计算机智能。

在测试房间里，一个人（询问者）通过仅有的计算机终端进行测试。在相邻的另一个房间里，一名男子（A）和一名女子（B）守在另一台计算机终端旁，但我们并不能看到其中的情况。询问者通过键盘输入问题，与相邻房间的这对男女进行交流。若干问题出现在这对男女的计算机屏幕上，他们通过自己的键盘来回答。询问者可以直接向 A 或 B 提问，但不知道哪个是男的，哪个是女的。

测试的目的是仅通过分析他们的回答，区分谁是男性和谁是女性。在测试中，要求其中的一人给出真实的答案，而另一人的回答则故意试图给出可能导致错误的猜测来愚弄和混淆询问者。在测试的第二阶段，用一台计算机代替相邻房间的两个人中的某一位。现在，要求参与测试的人向询问者提供真实的回答，而计算机试图欺骗询问者，让测试者认为它自己是人类。图灵的论点是，如果询问者在人-机版本的游戏中的成功率并不比在男-女版本中的成功率高，那么可以说计算机在“思考”，亦即计算机具有“智能”。多年来，图灵的测试一直是人工智能拥趸者的经典范例。

到 1952 年，计算机硬件得以长足发展，足可通过编写程序模仿思维过程来进行实际的实验。赫伯特·西蒙（Herbert Simon）、艾伦·纽厄尔（Allen Newell）和克里夫·肖（Cliff Shaw）组成团队，开展了这样的实验，意在确定那些由计算机借助正确编程可以解决问题的类型。在符号逻辑中证明定理，正如怀特海德和罗素在 20 世纪初提出的，与他们认为智能计算机应能处理问题的概念相一致。

人们很快发现,相比当前可用的,则需要一种新的、更高层级的计算机语言。首先,他们需要一种更具用户友好的语言,可采用人类程序员易于理解的程序指令,并可自动地将其转换为计算机可理解的机器语言。其次,他们需要一种能够改变计算机中内存分配方式的编程语言,因为之前的语言都会在程序开始时预先分配内存。该团队发现,他们正在编写的这类程序需要大量的内存,并且无法提前预测运行的功能。

为了解决这一问题,他们开发了一种列表处理语言(list processing language)①。这类语言将标记内存的每个区域,然后维护所有可用内存的列表。当内存可用时,它将更新列表;当需要更多内存时,它将分配必要数量的内存。这种类型的编程还允许程序员构建他或她的数据结构,以便轻松访问关于特定问题的任何信息。

他们最终的努力结果是一个名为 Logic Theorist(LT)的软件程序,其中的规则包含已证明的公理。当为它提供新的逻辑表达时,它将搜索所有可能的运算,找到新表达式的依据,而不是使用暴力搜索方法,倡导在搜索方法中使用启发式方法。

到 1955 年,他们开发的 LT 能够解决怀特海德和罗素提出的 52 个定理中的 38 个。它不仅能够证明,而且速度很快。如果采用计算机上的简单暴力方式,那么 LT 在几分钟可完成的证明过程,就需要数年的时间。通过比较 LT 证明中所经历的步骤与人类受试者所经历的步骤,还发现 LT 明显在模仿人类思维过程。

---

① 译者注:以表格形式或字符串表示数据并进行处理的程序设计语言,如 LISP,Prolog 和 Logo,可用于处理数据(名称、单词、对象)列表,并提供了递归机制,为支持一组元素的重复分析,允许子例程反复地调用自身。

自然语言二分法

尽管开展了各种各样成功的实验，但许多观察家仍然坚信 AI 在实际应用中还不具太大的潜力。在 AI 领域流行一个笑话，表明 AI 在自然语言应用中的缺陷。它是这样的，使用计算机将以下的英语语句先翻译成俄语，之后再翻译回英语：心有余而力不足（The spirit is willing but the flesh is weak）。而从俄语反向翻译为英语后，竟成了：伏特加很好，但肉烂了。

从作者自身的角度来看，人工智能系统并不具备人类意义上的思维能力。它们非常适合基于可用的大量数据结构和链接来进行模仿，如在此，我们考虑以下普通语句的自然语言的解释：

No salt is sodium free，没有盐是不含钠的。根据对话当时的上下文背景，人们可以快速推断出正确的解释和含义，但“智能”机器可能会以不同的方式审视相同的语句，如下：

No (salt) is sodium free，没有（盐）是无钠的，这给出了对象特性的否定含义——盐。这意味着没有哪一种类型的盐是无钠的。换句话说，所有的盐都含有钠。

或者，该语句也可以解释如下：

(No-salt) is sodium free，（无盐）是不含钠，这是一个流行的广告用语，商用厨用原料成分名为（无盐）。在这种情况下，解释这种产品名为无盐，其中不含钠。

还有另一个例子：

No news is good news，没有消息就是好消息。这是一句俗话，无论上下文背景如何，人们都可以轻松理解。在人工智能推理中，它可能受到以下解释的影响：

（没有消息）是好消息，这与正常的理解一致，即没有新的状态意味着没有坏消息，这是好的（即预期的）。在这种情况下，（No-news）作为复合词，是对象。

或者，人工智能系统可以将其视为：

没有（消息）是好消息，这与正常解释相矛盾。在这种情况下，人工智能系统可以将其解释为所有消息都是坏的（即为不好），这意味着对象是（消息）。

这里还有来自政治领域的另一个例子：

The British parliament wants no deal off the table，英国议会不希望签订任何协议。

AI的解释可以这样审视对象：

（无协议）作为谈判的一个条件，不在谈判桌上。

或者，从否定的角度来看，可以看出，所有谈判条件都可以摆到桌面上。

请考虑以下其他示例：

Day's days are numbered，“Day”的日子屈指可数。对于一台智能机器来说，所有格时态Day's（一个名叫Day的人）可能会与复数名词“Days”混淆。

The officer found the criminal alone，这可以从以下两个方面来解释：

当警官发现罪犯时，这名罪犯独自一人。

当警官发现罪犯时，这名警官独自一人。

模式识别是另一个可以区分人类智能与机器智能的有趣事例。例如，当我将车辆停放在大型购物中心的停车场时，有许多颜色和形状相似的车辆，我总是简单地望见车身的一小部分，就能从很远的地方找到自己的车辆。这可能是由于从几辆车中看到了一半的前大灯，或可能是看到了尾灯的一部分，甚至可能是看到车顶的行李架，而周围的其他车上我们几乎视而不见。对于使用模式识别来正确辨识车辆的AI系统，它必须使用大量的数据集合、数据操作、插值、外推以及其他复杂的数学算法，考虑可能匹配的选项。鉴于上述示例，可以看出，人类智能和自然认知仍然胜过机器的模拟

(仿真)智力。尽管存在这种缺陷,但在人工智能的大旗下,机器智能可能有助于弥补人类智能,从而达到更高效和更有效的决策过程。因此,人工智能是人类行动中有用和令人向往的盟友。这种信念驱动了早期的人工智能在科学、技术、工程和数学基础方面的定义和推进的各种努力。

1.5 首届人工智能大会

1956年夏天标志着机器智能领域首次尝试建立起有组织的研究工作。由约翰·麦卡锡(John McCarthy)、马文·明斯基(Marvin Minsky)、纳撒尼尔·罗切斯特(Nathaniel Rochester)和克劳德·香农(Claude Shannon)组织的达特茅斯夏季会议,将那些开创人工智能领域研究的和对人工智能感兴趣的人们汇聚起来。该会议在新罕布什尔州的达特茅斯学院举行,由洛克菲勒基金会资助。正是在这次会议上,约翰·麦卡锡创造了"人工智能"一词,也正是约翰·麦卡锡开发了LISP编程语言,该语言已成为AI开发的标准工具。除组织者外,出席会议的还有赫伯特·西蒙(Herbert Simon)、艾伦·纽厄尔(Allen Newell)、亚瑟·塞缪尔(Arthur Samuel)、特伦查德·莫尔(Trenchard More)、奥利弗·塞尔弗里奇(Oliver Selfridge)以及雷·所罗门(Ray Solomon)。

由艾伦·纽厄尔(Allen Newell)、克里夫·肖(Cliff Shaw)和赫伯特·西蒙(Herbert Simon)开发的LT在会议上进行了研讨,该系统作为第一个AI程序,使用启发式搜索来解决由怀特海德和罗素在合著《数学原理》(*Principia Mathematica*)中的数学问题(Newell和Simon,1972)。艾伦·纽厄尔和赫伯特·西蒙在实际应用LT实现AI的想法方面远远领先于其他人。达特茅斯会议主要是作为交流信息的渠道,更重要的是成为了AI研究工作重心的转折点。会议并没有过多地关注硬件如何模仿智能,而是设立专题来研讨计算机处理数据的结构、使用计算机处理符号、新型语言的需要以及在测试理论中计算机的作用。

1.6 智能程序的演变

之后,与软件技术相关的重要的进步得益于1959年的艾伦·纽厄尔、克里夫·肖和赫伯特·西蒙,他们引入了一个称为通用问题求解器(General Problem Solver,GPS)的程序,成为可以解决许多类型问题的程序。它能够求解定理、下棋或做各种复杂的谜题,代表人工智能向前迈出的重要一步。它融合了多个新的想法,以促进问题的求解。该系统的核心是使用手段-目的分析(means - end analysis)方法。手段-目的分析涉及将当前状态与目标状态进行比较,确定这两个状态之间的差异,并进行搜索以寻求减少差异的方法。此过程将不断继续,直到当前状态和目标状态之间不再存在差别。

为了进一步改进搜索方法,GPS还包含另外两个功能。第一,如果在尝试减少与目标状态的偏差时,发现其自身实际上已使搜索过程变得十分烦琐,则需要它能够回溯到较早的状态并探索替代解决方案的路径;第二,它能够界定次级目标的状态,如果满足,则将允许解决方案进程继续执行下去。在构思和开发GPS时,纽厄尔和西蒙做了大量工作,研究人类受试者以及他们解决问题的方式。他们认为GPS在模仿人类受试者方面做得很好,他们这样评价这一工作(Newell和Simon,1961):

迄今为止,我们已经获得的片段化的证据鼓励我们来思考:相对于那些确定类型的思维和解决问题行为的信息处理理论，一般问题求解器提供了一个相当不错的初始近似值。“思考”的过程不再被认为是完全神秘的。

GPS并非没有批评者，其中一个批评是，应用程序获取任何信息的唯一方法是从人类输入中得到信息，其表示问题的方式和顺序也由人类控制，因此，该应用程序只能做人们已经告知要做的事情。纽厄尔和西蒙认为，该应用程序不仅仅是重复步骤和顺序，而实际上是采用规则来解决之前未曾遇到的问题，这一事实表明其具有的智能行为。

还有其他的批评，人类能够创造新的捷径和即兴发挥。GPS总会沿着相同的路径来解决相同的问题，并且会犯与以前相同的错误——无法学习。另一个问题是，当给定某个区域或特定的搜索空间来求解时，GPS表现良好。这种限制的问题在于，在解决问题时难以确定所使用的搜索空间。与寻找搜索空间相比，有时解决问题并不重要，GPS所面对的问题都具有特定的性质，它们都存在有谜题或逻辑的挑战：这些问题可以轻松地使用符号形式来表达，并采用伪数学[①]方法来运算。人类面临的众多问题并不能如此轻易地以符号的形式来表达。

同样也是在1959年，约翰·麦卡锡推出了一种工具，大大提高了研究人员开发AI程序的能力，其所开发的一种新的计算机编程语言，称为LISP（List Processing，列表处理），该语言成为人工智能领域应用最广泛的语言之一。

LISP在两个方面与众不同：内存组织和控制结构。一个区别是内存以树状形式组织，内存组之间相互连接，因此它允许程序员记录复杂的结构关系。另一个区别是程序控制的方式，它不是从前提条件到目标，而是从目标开始，然后反向来确定实现目标所需的前提条件。

---

① 译者注：伪数学（Pseudo-mathematics）是一种由非数学家所采用的，类似数学的活动形式，有时数学家也会偶尔尝试这么做。伪数学活动并不遵循数学的框架、定义、法则或严谨的形式化数学模型，不可避免地忽视或抛弃一些已成熟或已证明的数学机制，而明显是在采用非数学方式进行论证。

1960年，弗兰克·罗森布拉特(Frank Rosenblatt)在模式识别领域开展了一些研究工作，他引入了一个名为PERCEPTRON(感知机)的设备，能够识别字母和其他图形样式。它由400个光电单元组成网格，这些光电单元通过导线与一个响应单元相连，只有当从被识别对象发出的光超过某个阈值时，响应单元才产生信号。

20世纪60年代后期，在模仿人类推理领域中出现了另外两个研究工作。斯坦福大学的Kenneth Colby和麻省理工学院的Joseph Weizenbaum编写了独立的程序，这些程序能够在双向对话中进行交互。Weizenbaum的程序被称为ELIZA，能够通过应用非常聪明的技术来保持现实的对话。例如，ELIZA使用了一种模式匹配方法，该方法扫描像“我”“你”“喜欢”等关键字。如果找到其中一个单词，它将执行与其相关的规则。如果未找到匹配项，程序将响应请求以获取更多信息或做出一些非承诺性响应。

还是在20世纪60年代，马文·明斯基(Marvin Minsky)和他在麻省理工学院的学生为人工智能进步做出了重大贡献。一位名叫T. G. Evans的学生编写了一个可以进行视觉类比的程序。程序显示两个彼此之间有某种关系的图形，要求从与相同关系匹配的集合中找到另一组图形。计算机的输入不是由视觉传感器完成的(就像Rosenblatt所作的那样)，而是向系统描述了这些图形。

1968年，明斯基的另一位学生Daniel Bobrow引入了一种名为STUDENT的语言问题求解器，旨在以单词问题格式来解决问题。该程序的关键是假设每个句子都是一个等式，它将使用某些单词并将它们转换为数学运算。例如，将“is”转换为“＋”，将“per”转换为“/”。

尽管STUDENT的回应与真正的学生非常相似，但在理解深度上存在重大的差异。虽然该程序能够根据两列火车的起点和速度计算两列火车碰撞的时间，但它没有真正的理解，甚至并不关心“火车”或“时间”是什么。诸如“每个机会”和“这就是它”之类的表达方式可能与程序假设的含义完全不同。人类学生将能够从所使用的这些术语的上下文背景中辨别出预期的含义。

为了回应关于理解的批评，麻省理工学院的另一位学生 Terry Winograd 开发了一个名为 SHRDLU 的非常有意义的软件程序。在建立程序时，他利用了所谓的微观世界或块世界，这限制了程序必须尝试理解的世界范围，该程序似乎在使用自然语言的方式进行沟通。

SHRDLU 的运算由一组不同形状（立方体、金字塔等）、大小和颜色的块组成，这些块都放在一张想象的桌子上。根据请求，SHRDLU 将重新排列这些块，直到达到任何所请求的构型。该程序能够知道请求何时不清楚或不可能。例如，如果请求将块放在金字塔形状的顶部，它将要求用户更清楚地规定块和金字塔的形状。它还可以识别出块并不位于金字塔的顶部。

对程序而言，该程序采用的另外两种新方法是：假设能力和学习能力。如果要求选取一个更大的块，它将假设一个比它当前正处理的块更大的块。如果要求构建一个它所不知的图形，它会要求解释这是什么，然后会识别这个对象。SHRDLU 为 AI 编程科学增添的一个重要的复杂性，是它使用了一系列专家模块或专业人士。该程序中有一个部分专门将句子分段为有意义的词组，专业人士来确定句子名词和动词之间的关系，还有一个场景专业人士，理解各个场景如何相互关联。这种复杂性大大增强了指令分析的方法。

尽管 SHRDLU 当时很复杂，但它还是没有逃脱批评的声音。其他学者很快指出了它的不足之处，其中一个缺点是，SHRDLU 只针对请求做出回应。它无法发起对话，也没有对话流的意识。如果需要，那么它将从一种类型的执行任务跳转到完全不同的任务。虽然 SHRDLU 理解它要执行的任务和它运行所处的物理世界，但它仍然无法理解非常抽象的概念。

1.7　人工智能的分支

人们企图给出使用机器模拟人类智能的正式定义，由此导致了AI多个分支的发展。当前，AI的子专业领域可包括以下几方面：

① **自然语言处理**：涉及不同的研究领域，如数据库查询系统、故事理解器（story understander）、自动文本索引、文本的语法和风格分析、自动文本生成、机器翻译、语音分析以及语音合成。

② **计算机视觉**：涉及场景分析、图像理解以及运动推导的研究工作。

③ **机器人技术**：涉及控制机器人效应器来操纵或抓取物体、独立机器的运动以及使用感官输入来引导动作。

④ **问题解决和规划**：涉及诸如将高层目标细化为低层目标、确定实现目标所需的行动、根据中间结果修订计划以及重要目标的聚焦搜索等应用。

⑤ **学习**：AI的这个领域涉及各种形式学习的研究，包括强记式学习、通过建议的学习、通过示例的学习、通过任务执行的学习以及通过遵循概念的学习。

⑥ **专家系统**：涉及知识的处理，而不是数据的处理，它包括以计算机软件的开发来解决复杂的决策问题。

1.8 神经网络

神经网络,有时称为连接主义(connectionism)的系统,表示为由响应外部输入来处理信息的简单处理元素或节点所构成的网络。最初提出神经网络作为人类神经系统的模型是在第二次世界大战之后,科学家发现大脑的生理学与计算机使用的电子处理模式相似,在这两种情况下,都能处理大量数据。对于计算机而言,处理的基本单位是比特(bit),它处于“开”或“关”的状态。对于大脑而言,神经元执行基本的数据处理,神经元是微小的细胞,遵循二进制的原理,要么处于激活(打开)状态,要么处于空闲(关闭)状态。当一个神经元激活时,它会通过神经突触网络向其他神经元发射信号。

在20世纪40年代后期,研究人员唐纳德·赫布(Donald Hebb)假设,当两个神经元同步活跃时,就会产生生物记忆。同步神经元的突触在连接时得到加强,并且优先于非同步活跃的神经元的连接。优先层级以加权值的形式进行度量,模式识别作为人类智力的一个重要专长,它基于各种同步活跃的神经元对连接之间强化加权优势。

基于人脑中神经元连接方式的想法,赫布提出开发一种计算机模型。但在当时,人们认为这个想法是荒谬的,因为人类大脑包含1 000亿个神经元,每个神经元通过突触连接到10 000个神经元。即使以今天的计算能力,仍然很难复制神经元的活动。1969年,马文·明斯基和斯摩·巴拔(Seymour Pappert)写了一本名为《感知机》(*Perceptrons*)的书,在书中他们批评当时的神经网络研究毫无价值。有人声称,该书提出的悲观观点妨碍了那几年对神经网络研究的进一步资金资助。相反,资金被转移到专家系统的进一步研究中,这当然是马文·明斯基和斯摩·巴拔所希望的。直到最近,神经网络才开始强势回归。

由于神经网络是依据大脑的运行来建模的,因此它们作为实现人工智能最终目标的基石具有相当大的潜力。当前,这一代神经网络使用人工神经元,每个神经元至少会以突触的方式连接到另一个神经元上。

网络是基于某种形式的学习模型,神经网络通过评估输入的变化来进行学习。学习可以是有监督的,也可以是无监督的。在监督学习中,每个反应都由给定的参数所引导。计算机接到的指令是对所有输入与理想响应进行比较,并记录新输入和理想响应之间的所有差异。然后,系统使用此数据库来推测新采集的数据与理想响应之间的相似性或差异性,也就是模式的匹配程度。当前,商业控制系统以及手写和语音识别应用了监督学习网络。

在无监督学习中,独立评估各个输入并将其存为一种模式。该系统评估一系列模式,并识别它们之间的相似性和差异性。然而,如果针对模式的人为赋值,系统就无法从信息中获取任何意义。比较是相对于其他结果,而不是相对于理想结果。无监督学习网络用于发现事先未知特定结果的模式,例如在物理学研究和财务数据分析中。现在市场上有几种可用的神经网络产品。一个例子是 Ward Systems Group 的 NeuroShell,该软件虽价格高昂,但易于使用,与其他软件(如 Lotus 1-2-3 和 dBASE)以及 C、Pascal、FORTRAN 和 BASIC 编程语言有很好的接口。

神经网络的潜力已得到证实,它们其实是极大地简化了大脑的运行。现有的系统只能从事基本的模式识别任务,而在演绎推理、数学计算以及其他易于传统计算机处理的计算等方面功能很弱。实现神经网络提出的承诺,其困难在于我们对人类大脑如何运作的理解还十分有限。毫无疑问,要准确地模拟大脑,我们必须更多地了解它,但对大脑的完整了解尚需时日。

1.9 专家系统的出现

在20世纪60年代末至70年代初,AI的一个特殊分支开始出现。该分支被称为专家系统,其在过去几年中发展迅速,见证了AI最为成功的能力。专家系统是AI领域第一个真正的商业应用,因此得到了公众广泛的关注。由于潜在的优势,与AI的其他努力相比,目前研究和开发主要集中在专家系统上。

并不是期望开发出像以前AI特定的一般问题求解技术那样,专家系统聚焦于所解决的问题。当爱德华·费根鲍姆(Edward Feigenbaum)开发出第一个成功的专家系统DENDRAL时,他有一个特定类型的问题,希望能够得以解决。问题涉及在质谱仪分析中确定存在哪种有机化合物。该程序旨在模拟化学领域的专家在分析数据时所做的工作,这就引出了专家系统的术语。

1970—1980年,引入了许多专家系统,用来处理从诊断疾病到分析地质勘探信息等多种功能。当然,专家系统也没有逃脱批评者的关注。鉴于该系统的性质,批评者认为它不符合AI的真实结构。由于只使用特定的知识和仅能具备解决特定问题的能力,将专家系统称为智能系统令一些批评者感到忧心忡忡。而支持者则认为,如果系统产生了预期的结果,那么它是否智能就无关紧要了。

1972年,休伯特·德雷福斯(Hubert Dreyfus)出版了一本名为《计算机不能做什么:人工理性批判》(*What Computers Can't Do:A Critique of Artificial Reason*)的书,引起了人们的兴趣。约瑟夫·维森鲍姆(Joseph Weizenbaum)于1976年提出了与书中相似的观点。两位作者提出的问题触及了笛卡儿时代人们普遍认为的一些基本问题。维森鲍姆的保留意见之一涉及将伦理和道德上的一些事情将交给机器来处理。他坚持认为,AI所追求的道路正朝着一个危险的方向前进。人类经验的某些方面,如爱和道德,是机器无法充分模仿的。

虽然关于AI能做多少事情的辩论仍在继续,但让AI做更多事情的努力仍在继续。1972年,罗杰·尚克(Roger Shrank)引入了脚本的概念,可从通常遇到的环境中预见到一系列熟悉的事件,使程序能够快速融进事实。1975年,马文·明斯基提出了框架的想法。尽管这两个概念都没能大幅度推进AI理论,但它们确实有助于加快该领域的研究。

1979年,明斯基提出了一种可以更好地模拟智能的方法。他提出了"心智社会"的观点,即知识的执行由几个程序同时工作,这个概念有助于鼓励有趣的技术发展,例如今天的并行处理。

随着时间的流逝,进入20世纪80年代,AI获得了巨大的关注。人工智能曾经是一个仅限于深奥研究领域的词汇,而现在已经成为解决实际问题的实用工具。虽然AI正在经历着最繁荣的时代,但它仍然受到歧义和批评的困扰。市场上商用的专家系统的出现既引起了人们的热情,也引发了怀疑。毫无疑问,更多的研究和成功应用的开发将有助于证明专家系统的潜力。应当回顾的是,新技术有时无法说服所有最初的观察者。IBM后来成为个人电脑业务的巨头,在进入市场之前犹豫了数年,因为该公司从未想过这些被称为个人电脑的小盒子会对社会产生如此重大影响,而他们大错特错了!

AI的努力是值得的,只要它增加了我们对智力的理解,只要它使我们能够做我们以前无法做到的事情。由于AI研究中的发现,计算机现在能够完成曾经超乎人类想象的事情。

嵌入式专家系统:更多的专家系统开始出现,不是作为独立的系统,而是作为大型软件系统中的应用程序。随着系统集成的发展,许多应用软件占据了一席之地，这一趋势必将持续。许多传统的商业软件包（如统计分析系统、数据管理系统、信息管理系统、项目管理系统和数据分析系统等）现在都包含嵌入式的启发式方法，这些启发式方法构成了软件包的专家系统组件。甚至一些计算机操作系统现在也包含嵌入式的专家系统，提供实时的系统监控和故障排除。随着嵌入式专家系统的成功，人们期待已久的技术回报现在开始得以实现。

由于专家系统背后的技术在过去十年中变化不大，因此问题不在于该技术是否有用，而在于如何实现它。这就是为什么本书提出的集成化方法十分有用。本书不仅关注专家系统的技术，还关注如何实施和管理该项技术。例如，将神经网络技术与专家系统相结合变得更加普遍。通过结合使用，神经网络可以作为扫描和选择数据的工具来实现，而专家系统将评估数据并提出建议。

1.10 总　结

虽然人工智能技术很好并适于组织发展目标，但我们必须用人类智能来调和它，最好的混合方式是机器智能与人类智能的集成。人类处理直觉的部分，而作为 AI 的机器处理数据密集和数字密集的部分。

在过去几年中，专家系统已证明其在解决工程和制造环境中重要问题方面具有的潜力。专家系统正在帮助大型公司开展实时流程诊断、运行调度、设备排故、机械维护以及服务设计和装备生产。随着专家系统在工业环境中的应用，公司将发现现实世界的问题最好通过由人员、软件和硬件组成的系统管理所涉及的集成策略予以解决。

大多数工程和制造问题的解决方案不仅涉及启发式方法，还涉及数学计算、大数据运算、统计分析、实时信息管理、系统优化和人-机界面。这些问题和其他相关主题在本书中将详细讨论。除专家系统的基本概念外，本书还提供了从问题选择、数据分析、知识获取以及系统开发到验证、确认、集成、实施和维护等各种工作的指南。

人工智能系统和产品能否达到其所宣传的效果呢？

一般来说，对AI的所有产品、系统和流程的期望包括有效性、高效性、易用性、优雅性、安全性、安保性、持续性和满意度。事实上，系统视图可使我们更接近达成这些期望。针对一个实用且常见的AI示例而言，我们只需看看自己的手机就可以了。当代智能手机已成为人工智能系统的一个常见例子。因此，人工智能已是天天伴随着我们了。

值得警觉的是，人工智能正在渗透到我们生活的方方面面。与任何技术管理一样，人工智能需要在软件和硬件团队以及人类最终用户之间制定协调的管理策略。近年来，人工智能通过深度装扮，误导和诱导公众，特别是在西方的政治竞赛中。因此，在任何默认采用AI工具和技术时，都必须始终保持谨慎。电视上的产品广告宣称，人工智能可以解决以前无法解决的问题。通过人工神经网络技术，人们开始应用人工智能，有时是在后台运行而不为人们所知，并支持我们所见到的各种功能的运转。例如，航空公司现在使用人工智能来帮助加快机场的登机流程。除了机场可见的物理变化和布局外，还有大量基于人工智能的技术在后台运行，旨在提高效率和有效性。其中一个应用，涉及使用AI来减少飞机在飞行间登机口停留的时间。这些应用在其他行业中也日益普及。虽然现在人工智能的应用良莠不齐，但其终将会为人类带来福音。因此，我们需要更好地理解人工智能，并随时准备在合理和合适的地方利用它。

参考文献

[1] Newell, Allen and Herbert A. Simon (1972), Human Problem-Solving, Prentice-Hall, Englewood Cliffs, NJ.

[2] Newell, Allen and Herbert A. Simon (1961), "Computer Simulation of Human Thinking," Report, The RAND Corporation, Los Angeles, CA, April 20, 1961, p. 2276.

第 2 章
专家系统：
AI 的软件方面

2.1 专家系统流程

我们将按照成功开发专家系统的策略过程的结构来组织本书的内容，对于任何鼓足勇气准备投入到专家系统技术的人员来说，从培训、研究或应用的观点，我们建议遵循这一策略过程。本章介绍专家系统技术的基本概念，对概念的基本理解对于充分发挥专家系统的作用是至关重要的，所涉及概念的更加具体的细节将在本章后续适当的小节中予以讨论。

2.2 专家系统特性

根据定义，专家系统是一种计算机程序，它是模仿人类专家在解决特定领域复杂决策问题时的思维过程。本章讨论专家系统中具有的与传统的编程以及决策支持工具所不同的特性。可以预见，专家系统增长将会持续数年，随着增长将会出现许多全新的、令人振奋的应用。专家系统的运行采用的是交互式系统的方式，它回答问题、给出清晰的解释、提出建议，通常作为决策过程的辅助。专家系统在各种活动中提供“专家”的建议和指导——涉及从计算机诊断到精细的外科手术。

一些作者已经提供了专家系统的各种定义，其中体现专家系统预期功能的一般性定义如下：专家系统是一种基于计算机的交互式决策工具，它使用事实和启发式两种方式，根据从某位专家那里获得的知识来解决具有一定难度的决策问题。

我们将专家系统看作人类专家的计算机模拟(仿真)，是一项新技术，具有许多潜在应用领域。以往的应用范围从 MYCIN(医学领域诊断传染性血液疾病)到 XCON(配置计算机系统)。事实证明，这些专家系统非常成功。大多数的专家系统应用如下：

- 解释和识别；
- 预测；
- 诊断；
- 设计；
- 规划；
- 监测；
- 调试和测试；
- 指导和培训；
- 控制。

从本质上讲，计算性或确定性的应用不能算是专家系统的良好候选方式，传统的决策支持系统，如电子表格程序，在解决问题的方式上非常机械。当它们执行数学和布尔运算符的运算时，针对给定的数据集仅能得到一个且唯一的静态解。传统的决策支持工具或常规的编程方式更适合处理那些具有特别严格需求的计算密集型应用，而专家系统最佳的候选方式是处理解决问题的专家启发方法的应用程序。传统的计算机程序基于事实的知识，计算机在该方面具备无可争议的优势；而相比之下，人类是在事实和启发式知识的混合基础上来解决问题的。启发式知识由直觉、判断和逻辑推论构成，人类在此方面具有无可争议的强项。成功的专家系统是将事实和启发式方法相结合的系统,从而在解决问题中将人类知识与计算机能力相结合。为使其更有效,专家系统必须聚焦于特定的问题领域,如下所述。

领域的特定性。专家系统通常非常适于特定的领域,例如,计算机故障排除的诊断专家系统,必须像人类专家一样执行所有必要的数据操作。这种系统的开发者必须将他(或她)关注的系统范围限制在解决目标问题所需的范围内,通常需要特殊的工具或编程语言来实现系统的特定目标。

特别的编程语言。专家系统通常是由特殊编程语言编写的,在专家系统的开发中使用 LISP 和 PROLOG 等语言可"简化"编码过程。与传统编程语言相比,这些语言的主要优点是具有非常简单的新规则添加、删除或替换以及内存管理等功能。支持专家系统的编程语言的显著特征如下:

- 整数和实数变量的高效的组合运算;
- 良好的内存管理程序;
- 广泛的数据操作例程;
- 增量的软件程序编译;
- 带标记的内存架构[①];
- 系统环境优化;
- 高效的搜索步骤。

① 译者注:尽管最常见的计算机内存类型是随机存取内存(RAM),但在计算机中还存在其他类型的内存,包括缓存、闪存和文件存储。内存架构是指将不同类型的内存组合在一起使用,从而平衡计算性能而不会影响存储的可靠性或造成硬件成本过高。通常,不同类型的内存运行在一个层级之上,从快速/高成本到慢速/低成本,内存架构的工作原理是确保计算机具有混合的各种类型内存,从而尽可能保持计算机硬件与成本效益之间的平衡。带标记的内存架构(Tagged Memory Architecture,TMA)中每个内存块都有一个表示相应内存状态的特殊内存标记,利用 TMA 来增强软件应用程序的安全性。

2.3 专家系统的结构

复杂的决策包含事实知识和启发知识的错综和精准的组合。为了使计算机能够检索并有效地使用启发式知识，知识必须以易于访问的格式进行组织，并区分数据、知识和控制的结构。因此，专家系统的组织涉及三个不同的层次：

① **知识库**：包括与问题域有关的解决问题规则、步骤以及固有的数据。

② **工作记忆**[①]：是指所考虑问题的特定任务的数据。

③ **推理引擎**：是一种通用的控制机制，将知识库中的公理知识应用于特定任务的数据中，从而得出某种解决方案或判断。

这三个不同的层次是非相关的，因为这三个部分很可能来源不同。推理引擎，如 VP－Expert，可能来自某一商业供应商；知识库可能是由咨询公司编写的特定诊断知识库；问题数据可由最终用户提供。知识库是专家系统结构的核心，知识库并不是数据库，传统的数据库是处理问题域中元素之间静态关系的数据。知识库由知识工程师创建，他们将真正的人类专家的知识转化为规则和策略，这些规则和策略可以根据当前的问题场景而变化。知识库为专家系统提供了面向用户查询来推荐解决问题方向的能力，该系统还鼓励针对某条推理可能很重要，但用户并不关注的方面进行更进一步的研究。

与传统计算机程序相比，专家系统的模块化是一个重要的、具有区分度

① 译者注：工作记忆是指人在进行认知任务中将信息暂时储存的环节。对于人的大脑而言，工作记忆是一种记忆形式，它允许一个人暂时保留有限量的信息，以备随时思考的过程所使用。我们认为其对学习、解决问题和其他意识过程至关重要。工作记忆也不仅是短期使用，它还有助于大脑组织新信息以进行长期存储。

的特征,三个不同组件的应用方式影响了专家系统的模块化形式。

知识库由解决问题的规则、事实或直觉所构成,人类专家在解决给定问题域中的问题时可能会用到它们。知识库通常以 If - Then 规则的形式存储;工作记忆表示当前正在解决的问题的相关数据;推理引擎是一种控制机制,用于组织问题数据并在知识库中搜索适用的规则。随着专家系统的日益普及,许多商业推理引擎正在进入市场。开发一个功能健全的专家系统,通常是以知识库的组织为核心的。

我们期望一个优秀的专家系统的成长应从用户反馈中"学习",反馈适当地纳入知识库中,使专家系统"更加聪明"。专家系统应用环境的动态性是建立在各个组件的各自动态性之上的,由此可分为如下几类:

(1) 最具动态的:工作记忆

工作记忆的内容,有时称为数据结构,会随着每种问题的状况而变化。因此,它是专家系统中最具活力的组成部分,当然,前提是它保持现行有效。

(2) 适度动态的:知识库

除非有一条新信息表明了问题解决方案中步骤的变化,否则知识库就不需要改变。在实施之前,应谨慎评估知识库中的变化。实际上,变化不应仅基于一次研讨的经历。例如,在某种问题状况下,我们发现有一条规则是无关紧要的,而可能在解决其他问题时,它又是至关重要的。

(3) 动态最小的:推理引擎

由于推理引擎具有严格的控制和编码结构,因此只有在绝对有必要纠正错误或增强推理过程时才会进行更改。特别是商业推理引擎,仅由开发人员独立决定是否需要更改。由于频繁的更新可能会中断客户的应用过程,代价将是高昂的,因此大多数商业软件开发人员都试图最大限度地减少更新的频次。

2.3.1 对专家系统的要求

专家系统必定会受到传统人类决策过程的制约，这就包括：

① 人类专业知识非常稀缺；

② 人类会因身体或精神负荷而感到疲惫；

③ 人类会忘却问题的关键细节；

④ 人类在日常决策中并不一致；

⑤ 人类的工作记忆十分有限；

⑥ 人类无法快速理解大量的数据；

⑦ 人类无法在记忆中保留大量数据；

⑧ 人类在记忆存储中调用信息很慢；

⑨ 人类行为中会受到有意或无意偏见的影响；

⑩ 人类可能刻意避免为决策而负责；

⑪ 人类会撒谎、逃避甚至死去。

除了上述的人类制约以外，还有传统编程和传统决策支持工具固有的弱点。尽管计算机具有很强的机械运行的能力，但这些局限仍会弱化它们在实施类似人类决策过程中的有效性。传统决策支持工具的一些局限如下：

① 传统计算机程序本质上是算法，仅依赖于纯粹的机器能力；

② 传统计算机程序依赖于可能难以获得的事实；

③ 传统计算机程序不能使用像人类专家那样有效的启发式方法；

④ 传统计算机程序难以适应不断变化的问题环境；

⑤ 传统计算机程序所寻求明确和事实的解决方案，可能根本就是不可能的。

2.3.2　专家系统的益处

专家系统提供了一个环境,在此可将人类的良好能力和计算机的强大功能相结合,从而克服上一小节中研讨的许多局限。下面将介绍专家系统所提供的一些最为明显的益处:

① 专家系统增加了做出正确决策的概率、频率和一致性;

② 专家系统有助于传播人类的专业知识;

③ 专家系统有助于非专家做出实时、低成本以及专家级的决策;

④ 专家系统提高了大多数可用数据的利用率;

⑤ 专家系统通过无偏见地权衡证据而不考虑用户个人和情感反应,从而支持客观性的决策;

⑥ 专家系统通过结构的模块化实现动态性;

⑦ 专家系统释放了人类专家的智力和时间,使他(或她)能够专注于更具创造性的活动;

⑧ 专家系统鼓励针对问题的微妙方面进行调查研究。

专家系统适合所有人。无论从事哪个业务领域,专家系统都可满足更高工作效率和更可靠决策的要求,每个人都可找到专家系统的应用潜力。与专家系统可能威胁到人类工作岗位安全的信念相反,专家系统实际上会帮助我们创造新的工作机会。下面将介绍这些有望成为新工作机会的领域。专家系统的潜在拥护者可能会加入到以下的工作领域之中:

① 基础研究;

② 应用研究;

③ 知识工程;

④ 开发推理引擎;

⑤ 咨询(开发和实施);

⑥ 训练；

⑦ 销售和市场营销；

⑧ 被动或主动的最终用户。

主动用户指直接使用专家系统进行咨询来获取建议；被动用户信任从专家系统获得的结果并支持这些结果的实现。

2.3.3 从数据处理到知识处理的转型

知识对于当前的计算来说，就像数据对于前几代计算的作用。专家系统代表从传统数据处理向知识处理的革命性转型，在数据处理与决策知识处理两者之间的步骤中存在适应性的关系。在传统的数据处理中，决策者在做出决定之前获取生成的信息并对信息进行明确的分析；在专家系统中，知识的处理是通过使用可用的数据作为“燃料”来进行的，间接地得出结论或推导出建议。专家系统向决策者提供建议，决策者做出最终决定并酌情予以实施。现在，可以巧妙地使用传统数据来应用那些永久的知识，并能够对其处理以生成适时的信息，然后用于增强人类的决策。

2.4 启发式推理

人类专家使用一种称为启发式推理的问题解决技术。这种推理类型通常称为“经验法则”或“专家启发”，使专家能够快速有效地达成一个良好的解决方案。专家系统基于符号操作和启发式推理实现推理过程，这些步骤与人类思维过程十分匹配。传统程序只能识别数字或字母字符串，并且只能以预编程的方式操作它们。

搜索控制方法:所有专家系统都是搜索密集型的系统。为使这些密集搜索更有效率,我们已经采用了许多技术,分支和界限、剪枝、深度优先搜索以及广度优先搜索等,上述都是一些已开发出来的搜索技术。由于搜索过程的密集度,在专家系统推理过程中使用良好的搜索控制策略至关重要。

正向链:该方法涉及检查规则的条件部分以确定其真或假。如果条件为真,则规则的行动部分也为真。此步骤将一直持续,直到找到解决方案或进入死路(dead end)。正向链通常称为数据驱动的推理。

反向链:用于回溯从目标到产生目标的路径。与正向链相反,当所有结果都是已知的且可能的结果数量并不多时,反向链非常好用。在此情况下,指定一个目标,专家系统尝试确定达成该目标所需的条件。反向链也称目标驱动的推理。

2.5　用户界面

专家系统的最初开发是由专家和知识工程师来实施的,与大多数传统程序只有程序员做出程序设计决策不同,大型专家系统的设计需要团队的合作来予以实现。专家系统的内容和用户界面设计,考虑最终用户的要求非常重要。

自然语言:用于专家系统的编程语言,其执行方式类似于我们平常的对话。我们通常以带有行动的提问形式陈述问题的前提假设,就像口头上回答问题——也就是说,"自然语言"的格式。在咨询过程中或之后,如果专家系统确定数据或知识库中的某一部分不正确,或者由于问题环境已变化而不再适用时,则应能相应地更新知识库。此功能将允许专家系统以自然语言格式与开发人员或用户进行对话。

专家系统不仅可给出解决方案或建议，还可为用户提供解决方案的置信度。由此，在分析问题时专家系统会处理定量和定性的因素。我们试想大多数输入数据对于日常决策都不是完全精确时，这方面非常重要。例如，专家系统解决的问题可能涉及多个解决方案，或者在某些情况下根本就没有明确的解决方案，然而，专家系统依然像人类顾问一样能够为用户提供有用的建议。

专家系统中的解释机制：专家系统的关键特征之一是具备解释机制。借助此能力，专家系统可解释它是如何得出结论的。用户可以针对是什么、怎样做、为什么等方面问题，提出相关的质疑。专家系统将为用户提供咨询过程的线索，指明咨询中所遵循的关键推理路径。有时，专家系统需要解决其他问题，可能与当前的具体问题没有直接的关系，但其解决方案会对整个问题解决过程产生一定的影响，解释机制有助于专家系统澄清和证实为什么可能需要这些题外的主题。

数据的不确定性：专家系统能够运行在非精确的数据上，允许用户为任何或所有输入数据指定概率、确定性因子或置信度。此特征反映了现实世界中大多数问题的处理方式。专家系统可以考虑所有相关的因素，并根据“最佳”的可能解决方案而不是唯一精确的解决方案来提出建议。

应用路线图

AI 技术的符号处理能力为工程和制造领域带来了巨大的潜在应用，随着 AI 技术日益变得复杂，当前分析师能够使用创新方法为通常应用中的复杂问题提供可行的解决方案。图 2.1 采用了结构化方式表示人工智能(AI)和专家系统的应用途径，该途径可能因特定的应用兴趣而有所不同。

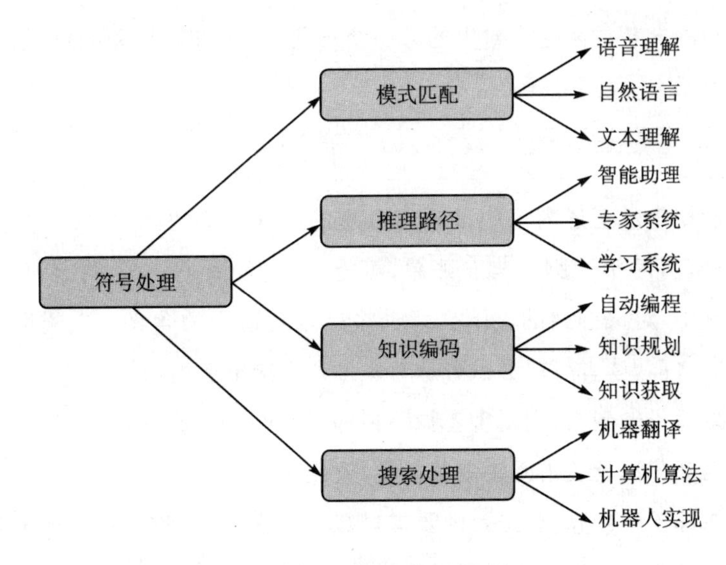

图 2.1　专家系统的应用路线图

2.6　符号处理

与传统计算机编程中的活动相反，专家系统以符号形式操控对象，从而得出针对问题场景的合理结论。本节中对象的绘图方式表明了符号处理的多功能性，通过对象的操控来传达信息。让我们假设，给出下面列出的五个常见对象集合：头、锤子、桶、脚和账单(也就是看病的账单)。

我们可以按照逻辑来排列给定对象集合中的某个子集，用以传达特定的推理。在一个示例中，五个对象中的四个按照锤子、头、脚和桶的顺序排列。这种独特的排列方式可用下面给出的等式来表示：

锤子－头＝脚－桶

这时，我们期望通过对象符号(如上式中的“－”“＝”)的排列，推断出所

传达信息的合理的陈述。对象的另一个子集，锤子、脚、脚和账单，给定的排列如下所示：

锤子－脚＝脚－账单

我们期望从上述内容中推断出合理的陈述。应注意到，关于方程的通常数学推理，锤子－脚＝脚－账单，可能会得出：锤子＝账单。然而，在AI符号推理中，对象排列的上下文背景将决定着适当的含义。在阅读下面介绍的方案之前，读者可以尝试着从对象排列中给出适当的推理。

如果锤子砸到头，则受害者脚踢到桶(即死亡)。在这种情况下，陈述语句的行动部分涉及袭击受害者的行动(致死)。

如果锤子砸到脚，袭击者则要支付账单。在这种情况下，陈述语句的行动部分涉及袭击者支付医疗赔付的行动(赔偿)。

使用一组有限的符号对象，由于不同对象的排列，我们能够产生不同的信息片段。注意到符号处理的一个特别有趣的方面。当对象“脚”与一个给定的对象(锤子)连接时，它传达一种含义，当与另一个对象“账单”连接时，传达出另一个完全不同的含义。事实上，对象“账单”本身是由其符号传达出来的被认定为医疗账单中的内容。借助符号处理的能力，可以开发出非常强大的基于AI工具的实际应用。而在实现这些实际应用之前，我们还需要进行进一步的研究和开发工作。

2.7 系统的未来发展方向

在专家系统领域所进行的各种大量的研究工作，将在人类发展事业的许多方面创造独特的机会。下面列出了一些新兴的领域：

① 自然语言系统的大规模研究；

② 知识库组织形式的进一步研究;

③ 开发更有效的搜索技术;

④ 与专家系统相关咨询服务的永无止境的需要;

⑤ 商业知识库;

⑥ 更多的商用推理引擎和开发工具;

⑦ 先进的硬件和软件能力的驱动;

⑧ 不断增加的专家系统培训设施的需求;

⑨ 专家系统产品和服务的市场持续增长。

当前这一代专家系统只是技术的第一步,不仅在多个领域有待探索,而且目前使用的系统也在不断地改进。随着专家系统开发的每一次变化,来自人类专家的信息也会随之发生变化。新一代专家系统将浅层或表面知识与深层知识相结合,前者用于解决日常的问题并达到提高效率的目的,而后者则用于解决那些异常困难的问题。

2.8　专家系统领域的学术界与产业界的合作

从研究和应用的两个角度来看,对人工智能和专家系统的兴趣持续而广泛增长。而在几年前,只有少数学校能够提供专家系统的正式课程教学。但现在,已有多所学校在工业工程、计算机科学、化学、医学以及心理学等学科中建立了正式的专家系统培训项目。将专家系统应用于各种各样问题解决的潜在能力,正吸引着众多应用领域的从业者和教育者。

学术机构的独特能力:由于学术机构教育资源的布局,在专家系统的知识产生、学习和转移方面,要比产业机构具备更好的地位。事实上,专家系统的大多数重大早期发展都源于学术机构。学术界对知识的永不满足的追求，将助推特定产业问题创新解决方案的探索。

独特的产业能力：工业企业精于技术的实用性实施，技术的商业化是推动进一步开发新技术的动力之一。学术界主要面向研究，而开发的技术往往由于缺乏资金或商用的开发方向而在实验室中止步不前。正是由于以下原因，这些技术的潜力尚未得到充分的开发：

① 开发人员并不知道哪个行业可能需要该技术；

② 产业界还没有意识到在一些学术机构实验室中的技术可以解决他们的问题；

③ 由于产业界和学术界之间缺乏技术接口而未能建立协调机制。

产业界和学术界两个领域之间的协调能够提供一条途径，促进专家系统技术的快速实施，解决工程和制造问题。这将促进人与技术之间的顺畅关系。产业界拥有将技术带出学术界实验室的资金能力、关注点和主动性。此外，与产业界的合作将成为新的学术思想萌生的沃土。

产业需要：许多产业界专业人士仍然缺乏成功利用专家系统能力的基础知识，这主要是由专业人员很少有机会在学校接受正规的专家系统课程的教育。现在，许多公司积极倡导员工参加相关的各类研讨会、学术会、交流会和正规的课程，从而获得必要的知识。一些公司甚至定期组织内部培训项目。虽然做出了这些努力，但产业界专业人士仍然处于滞后状态，其原因主要有三个：

① 培训项目与他们的常规岗位职能相差甚远，其结果是没有足够的时间开展全面的培训。

② 由于专家系统培训的回报可能不会立即显现出来，管理人员趋于要求专业人员将精力集中在当前经营上，并一再拖延开始培训的时间。

③ 培训后分配的任务通常与从培训中获得的技能并不匹配。其结果是，专业人员无法实施新技能，并很难跟上技术发展的快节奏。因此，当最终遇到开发专家系统的项目机会时，通常需要再培训。

学术需求:目前,对专家系统感兴趣的学术机构,受困于缺乏适当的研究和培训设施。行业界可支持选定的机构并提供这方面的帮助。这些研究机构还需要将实际问题作为项目或案例研究的背景,行业界可在合作安排中提供这些服务,成功的专家系统的开发需要非常熟悉问题环境的领域专家。行业专业人士能够胜任学术环境中系统开发方面领域专家的角色。

行业方法:由于培训机会有限,行业专业人士经常陷入错综复杂的需求之中,他(或她)根本无法满足。一些公司为解决这一困境,采取聘用曾接受过适当专家系统培训的应届毕业生的方法,这些年轻员工与熟悉公司运营和问题的经验丰富的专业人士一同工作,这类安排特别适于专家系统项目,其中经验丰富的专业人员充当领域专家,新毕业生充当知识工程师。而问题在于,满足行业需要的专家系统毕业生仍然十分短缺。

学术方法:许多学术机构讲授的专家系统的课程,为乐于在业余时间参加课程的在职专业人士提供了良好的培训机会。专家系统课程吸引了来自许多其他领域的学生,包括工程、业务、数学、心理学、气象学和音乐。许多学生毕业时,若其成绩单上有一门专家系统课程,则都会受到潜在雇主的极力追捧。问题是这些受过训练的学生在精通新技术后不久就将毕业了,高流动性使学校难以维持一支由经验丰富的学生所组成的稳定团队来开展长周期的专家系统项目的开发。

产业界与学术界的互动:在适当的时间安排的专家系统课程,将有助于行业专业人士的参与,专业人士不一定要为参加课程活动而牺牲很多的工作时间。课程的关键需求应该是一个学期性的项目,用于解决某些现实的问题。应鼓励行业专业人士选择公司内部当前存在的亟待解决的问题,这样有助于专业人员集中精力开展专家系统的工作并得到收益。在学术环境中开发的课堂项目能够在实际工作环境中成功实施,并得到实在的利益,包括提高生产效率、缩短公司响应需要的时间以及节省运行成本。

持续的行业合作:基于行业的课堂项目不应随着课程教学的终止而结

束，我们始终提倡行业专业人士在专家系统的维护中持续地投入时间，并在公司内部探索其他潜在的应用。这一需求促进了学术界和行业界之间的持续的互动，即使在课程教学结束后也将是如此。针对行业中与专家系统相关的新问题，专业人士可继续向学术界的教师进行咨询，通过这种相互合作互动，行业的新发展将引起学术界的关注，同时还可以与行业专业人士研讨新的学术研究进展。此外，以前没有机会接触行业的在校学生，有机会通过现场参观和非正式的咨询得到“真实世界中的导师”的指导。

知识的交换场所：学术机构适于作为知识交换的场所，在专家系统实验室的主持下予以实施。行业中特定的专家系统问题能够带到实验室进行联合工作，而不一定是在常规的班级课程中安排，这将进一步加强行业专业人士与在校学生之间的联系和互动。实验室也可作为各种商用专家系统工具的集中场所，将可供行业专业人士在实验室中进行测试、学习和应用，之后再决定公司内部是否需要购买这些工具。作为回报，行业界通过捐赠设备、资金以及安排专业人员的工作时间来帮助实验室运行。信息交换场所提供的服务可包括以下内容：

① 为业务和行业提供专家系统技术咨询服务；

② 为业务和行业提供现场的定制短期课程和实践项目；

③ 作为专家系统信息的技术库；

④ 为未来潜在的专家系统开发人员提供软件、硬件和技术信息服务；

⑤ 帮助业务和行业实现专家系统技术从实验室到市场的转移，促进技术转化，这可以是直接的专家系统产品，也可以是服务；

⑥ 提供技术管理指南，指导企业管理者能够成功地将专家系统整合到其现有的产品和服务中；

⑦ 扩大学生和在职专业人员的培训机会。

政府支持：政府可以通过提供广泛的资助机制，支持行业与大学之间的合作互动。例如，美国国家科学基金会(NSF)最近开始为行业与大学联合研究中心提供资金资助。未来几年,人工智能和专家系统研究中心具备良好的投资潜力。

2.9　专家系统应用案例

本节列出了作者在 20 世纪 80 年代和 90 年代指导和监督下开发的专家系统的应用,为多样的可能应用提供了引导性的案例。这些并不作为参考文献,而只是以往在专家系统研究、开发和应用方面的工作案例的列表,这些案例曾在各类期刊出版物、会议演示和研究生论文中有所论述。给出下面案例的目的在于证明一个事实,即人工智能决策支持软件方面的专家系统已存在很久。而在最近,某家软件公司竟提出这样营销口号,吹嘘他们的产品可以解决“以前无法解决”的难题。

1. M. Milatovic 和 A. B. Badiru,互依赖与多功能项目资源的智能映射和调度的应用数学建模,应用数学与计算,第 149 卷,第 3 期,2004 年,第 703～721 页。

2. M. Milatovic 和 A. B. Badiru,用于设计过程的多级模糊控制系统中的控制序列生成,AIEDAM(工程设计、分析和制造的人工智能),第 15 卷,2001 年,第 81～87 页。

3. Milan Milatovic 和 A. B. Badiru,单模态分布数据的模态位置的快速估计,智能数据分析,第 2 卷,第 1 期,1998 年 1 月。

4. A. B. Badiru 和 D. B. Sieger,风险性项目经济分析的神经网络仿真元模型,欧洲运筹学杂志,第 105 卷,1998 年,第 130～142 页。

5. Pam McCauley-Bell 和 A. B. Badiru,模糊建模和层次分析法——职业伤害相关风险水平的量化方法——第二部分:基于模糊规则的伤害预测模型的开发,IEEE 模糊系统学报,第 4 卷,第 2 期,1996 年 5 月,第 132～138 页。

6. Pam McCauley-Bell 和 A. B. Badiru,职业伤害相关的风险水平量化的模糊建模和层次分析法——第一部分:模糊语言风险水平的发展,IEEE 模糊系统学报,第 4 卷,第 2 期,1996 年 5 月,第 124～131 页。

7. A. B. Badiru 和 Alaa Arif,Flexpert:使用模糊语言关系代码的设施规划专家系统,IIE 学报,第 28 卷,第 4 期,1996 年 4 月,第 295～308 页。

8. Ibrahim Al-Harkan 和 A. B. Badiru,基于知识的机器排序方法,工程设计与自动化,第 1 卷,第 1 期,1995 年春季,第 43～58 页。

9. A. B. Badiru 和 Vassilios Theodoracatos,设计项目管理的分析和综合专家系统模型,设计与制造杂志,第 4 卷,1994 年,第 195～213 页。

10. A. B. Badiru,一种基于康托尔集的 AI 新型计算搜索技术,应用数学与计算,第 55 卷,1993 年,第 255～274 页。

11. David B. Sieger 和 A. B. Badiru,人工神经网络案例研究:制造应用中的预测与分类方法,计算机与工业工程,第 25 卷,第 1～4 期,1993 年3 月,第 381～384 页。

12. David B. Sieger 和 A. B. Badiru,视觉感知和模糊控制的实时集成模型,计算机与工业工程,第 23 卷,第 1～4 期,1992 年,第 355～358 页。

13. S. Somasundaram 和 A. B. Badiru,支持成功实施持续质量改进的智能项目管理,国际项目管理,第 10 卷,第 2 期,1992 年 5 月,第 89～101 页。

14. A. B. Badiru,专家系统项目的成功启动,IEEE 工程管理学报,第 35 卷,第 3 期,1988 年 8 月,第 186～190 页。

15. A. B. Badiru,应用专家系统的成本综合网络规划,项目管理,第 19 卷,第 2 期,1988 年 4 月,第 59～62 页。

16. A. B. Badiru,Janice Karasz 和 Bob Holloway,AREST:持械抢劫犯罪嫌疑人识别的专家系统,警察科学与行政,第 16 卷,第 3 期,1988 年 9 月,

第210～216页。

17. A.B. Badiru,专家系统和工业工程师:成功合作的实践指南,计算机与工业工程,第14卷,1988年第1期,第1～13页。

18. M. Milatovic,A. B. Badiru和T. B. Trafalis,使用竞争性人工神经网络的项目活动网络的分类分析,智能工程系统设计:神经网络,模糊逻辑、进化编程、数据挖掘和复杂系统:ANNIE会议论文集,密苏里州圣路易斯,2000年11月5日至8日。

19. M. Milatovic和A.B. Badiru,用于搜索单模态数据的智能分段,1997年IEEE系统、人和控制论国际会议论文集,佛罗里达州奥兰多,1997年10月12日至15日。

20. M. Milatovic和A.B. Badiru,人工智能系统中康托尔搜索的模式估计步骤,第一届工程设计和自动化国际会议论文集,泰国曼谷,1997年3月。

21. A.B. Badiru,V. E. Theodoracatos和James Grimsley,设计集成中性能测量的状态空间和专家系统混合模型,1997年NSF设计与制造受资助者会议集,华盛顿州西雅图,1997年1月7日至10日,第39～40页。

22. A.B. Badiru,V. E. Theodoracatos和D.B. Sieger,制造设计中基于人工智能的性能测量,第5届工业工程研究会议论文集,明尼苏达州明尼阿波利斯,1996年5月18日至20日,第245～250页。

23. A.B. Badiru,V. E. Theodoracatos和James Grimsley,设计集成中性能测量的状态空间和专家系统混合模型,1996年NSF设计与制造受资助者会议论文集,新墨西哥州阿尔伯克基,1996年1月。

24. A.B. Badiru,V. Theodoracatos,David Sieger和James Grisley,设计集成中性能测量的状态空间和专家系统混合模型,1995年NSF设计与制造受助者会议论文集,加利福尼亚州圣地亚哥,1995年1月4日至6日,第85～86页。

25. A. B. Badiru 和 L. Gruenwald，基于康托尔集的 AI 数据库搜索新方法，工业和工程计算机应用国际会议论文集，夏威夷檀香山，1993 年 12 月 15 日至 17 日，第 195～199 页。

26. D. Chandler，G. Abdelnour，S. Rogers，J. Huang，A. Badiru，J. Cheung，C. Bacon，基于模糊规则的故障早期检测预测人工智能系统，第 7 届俄克拉荷马州人工智能研讨会论文集，俄克拉荷马州斯蒂尔沃特，1993 年 11 月 18 日至 19 日，第 62～66 页。

27. Hong Wei，L. Gruenwald 和 A. B. Badiru，改进人工智能康托尔集搜索在数据库和人工智能中的应用，第 7 届俄克拉荷马州人工智能研讨会论文集，俄克拉荷马州斯蒂尔沃特，1993 年 11 月 18 日至 19 日，第 250～259 页。

28. Gaugarin E. Oliver 和 A. B. Badiru，制造企业供应商开发项目的专家系统模型，第 7 届俄克拉荷马州人工智能研讨会论文集，俄克拉荷马州斯蒂尔沃特，1993 年 11 月 18 日至 19 日，第 135～141 页。

29. A. B. Badiru，制造设计中专家系统的启发式搜索，第一届非洲-美国制造技术国际会议论文集，尼日利亚拉各斯，1993 年 1 月 11 日至 14 日，第 259～266 页。

30. Steven Hill Rogers 和 A. B. Badir，基于知识仿真的模糊集理论框架，第 15 届计算机和工业工程年会论文集，可可海滩，佛罗里达州，第 25 卷，第 1～4 期，1993 年 3 月，第 119～122 页。

31. Pamela McCauley-Bell 和 A. B. Badiru，概念映射作为模糊规则的专家系统开发中的知识获取工具，第 15 届计算机和工业工程年会论文集，可可海滩，佛罗里达州，第 25 卷，第 1～4 期，1993 年 3 月，第 115～118 页。

32. Dave Sieger 和 A. B. Badiru，神经网络作为风险项目经济分析中的模拟元模型，于 1993 年 10 月 31 日至 11 月 3 日在亚利桑那州凤凰城举行的 ORSA / TIMS 会议上发表。

33. A. B. Badiru,Le Gruenwald 和 Theodore Trafalis,人工智能系统的新搜索技术,第6届俄克拉荷马州人工智能研讨会论文集,俄克拉荷马州塔尔萨,1992年11月11日至12日,第91～96页。

34. Alaa E. Arif 和 A. B. Badiru,设施规划的模糊语言模型集成专家系统,第6届俄克拉荷马州人工智能研讨会论文集,俄克拉荷马州塔尔萨,1992年11月11日至12日,第185～194页。

35. Stevehe Rogers 和 A. B. Badiru,人工智能模糊可靠性建模,IASTED可靠性、质量控制和风险评估国际会议记录,华盛顿特区,1992年11月4日至6日,第38～40页。

36. Pamela McCauley-Bell 和 A. B. Badiru,用于工伤风险评估的人工智能模糊语言学模型,计算机与工业工程(第14届计算机和工业工程年会论文集,佛罗里达州奥兰多,1992年3月),第23卷,第1～4期,1992年,第209～212页。

37. A. B. Badiru 和 Shivakumar Raman,针对机器人选择的设计专家系统的综合方法,中小企业第4届世界机器人研究会议论文集,宾夕法尼亚州匹兹堡,1991年9月17日至19日,第13.15～13.28页。

38. S Somasundaram 和 A. B. Badiru,外圆磨削的专家系统:规划、诊断和训练,第5届俄克拉荷马州人工智能研讨会论文集,俄克拉荷马州诺曼,1991年11月,第20～29页。

39. A. B. Badiru,OKIE-ROOKIE:俄克拉荷马州工业搬迁评估的专家系统,第5届俄克拉荷马州人工智能研讨会论文集,俄克拉荷马州诺曼,1991年11月。

40. Joseph M Chetupuzha 和 A. B. Badiru,人工智能知识获取的设计考虑,第13届计算机与工业工程年会论文集,佛罗里达州奥兰多,1991年3月,计算机与工业工程,第21卷,第1～4期,1991年,第257～261页。

41. Janice Karasz,Bob Holloway 和 A. Badiru,基于AI的写作技

巧——用于计算机的技术学术界，第13届计算机和工业工程年会论文集，佛罗里达州奥兰多，1991年3月，计算机与工业工程，第21卷，第1～4期，1991年，第407～411页。

42. A. B. Badiru，使用分析层次法证明专家系统，1991年世界专家系统大会论文集，佛罗里达州奥兰多，1991年12月。

43. Ravindra Sunku 和 A. B. Badiru，ROBEX(机器人专家)：实施制造机器人系统的专家系统，第12届计算机和工业工程年会论文集，佛罗里达州奥兰多，1990年3月，计算机与工业工程，第19卷，第1～4期，1990年，第481～483页。

44. A. B Badiru，AI状态空间建模用于项目监测和控制中的知识表示，于1988年10月在丹佛举行的ORSA / TIMS秋季会议上发表。

45. A. B. Badiru 和 Hassan Haideri，在钢的热处理中使用专家系统，于1988年4月在华盛顿特区举行的ORSA / TIMS春季会议上发表。

46. Bob Holloway，Janice Karazs 和 A. B. Badiru，执法领域专家系统的知识抽取，第11届计算机和工业工程年会论文集，佛罗里达州奥兰多，1989年3月，计算机与工业工程，第17卷，第1～4期，1989年，第90～94页。

47. Ajay P. Joshi，Neetin N. Datar 和 A. B. Badiru，知识获取和转移，1988年俄克拉荷马州人工智能研讨会论文集，俄克拉荷马州诺曼，1988年11月，第355～378页。

48. Neetin N. Datar 和 A. B. Badiru，机器人咨询原型知识专家系统——ROBCON，1988年俄克拉荷马州人工智能研讨会论文集，俄克拉荷马州诺曼，1988年11月，第51～68页。

49. A. B. Badiru，Janice M. Mathis 和 Bob T. Holloway，执法知识库设计，第10届计算机和工业工程年度会议论文集，德克萨斯州达拉斯，1988年3月，计算机与工业工程，第15卷，第1～4期，1988年，第78～84页。

50. A. B. Badiru,专家系统在制造业中的应用,制造卓越中心研讨会,田纳西理工大学,1988年8月14日。

51. A. B. Badiru,人工智能在经济发展中的应用,俄克拉荷马州立法机构,1987年2月。

52. A. B. Badiru,用于制造知识表示的AI康托尔集建模,于1987年4月在新奥尔良举行的ORSA / TIMS春季会议上发表。

53. A. B. Badiru和Gary E. Whitehouse,计算机对资源分配算法的影响,于1986年10月在佛罗里达州迈阿密举行的ORSA / TIMS秋季会议上发表。

54. A. B. Badiru,专家系统,俄克拉荷马城健康科学中心邀请讲座,1986年3月。

55. A. B. Badiru和James R. Smith,智能计算机模拟的误差设置,1982年IIE秋季会议论文集,俄亥俄州辛辛那提,1982年11月,第284~288页。

56. Tim Bridges,间歇性遗忘对生产系统内学习和生产力的影响,俄克拉荷马大学博士论文,2000年。Tim Bridges中央俄克拉荷马大学运营管理教授。

57. Milan Milatovic,PERT/CPM网络中多能力和相互依存资源单元的映射,博士论文,俄克拉荷马大学,2000年。Milan Milatovic 1999年获得IIE E. J. Sierleja奖学金;阿肯色州Mercaritech公司研发科学家;2001年,在阿肯色州西北部被选为40岁以下职业40强之一。

58. David Sieger,使用状态空间进行设计和制造集成的性能量化模型,俄克拉荷马大学博士论文,1995年。David Sieger芝加哥Hyperfeed Technologies首席软件工程师,曾任伊利诺伊大学芝加哥分校IE助理教授。

59. Rogers Steve,建模与仿真的模糊推理方法,俄克拉荷马大学博士论文,1993年。Rogers Steve高级人工智能工程,希捷科技,俄克拉荷马城。

60. Pamela McCauley-Bell,用于评估前臂和手的累积创伤障碍风险的模糊语言人工智能模型,俄克拉荷马大学博士论文,1993 年。

61. John Peters,从设备诊断专家系统的 MIS 数据库生成智能知识库信息,俄克拉荷马大学博士论文,1992 年。John Peters 采矿运营经理(已退休),Morrison Knudsen 公司,拉斯维加斯。

62. Godswill Nsofor,人工智能预测数据挖掘技术的比较分析,田纳西大学工业与信息工程系硕士论文,2006 年。

63. Paula Sue Downes,用于复杂经济和基础设施模拟的智能交通网络模型的发展,田纳西大学工业与信息工程系硕士论文,2006 年。

64. Vincent G. Delgado,项目调度中关键资源图网络分析的智能计算机建模方法,田纳西大学工业与信息工程系硕士论文,2004 年。

65. Jamie Ehresman Gunter,使用 Arena 仿真软件智能实现关键路径方法和关键资源图绘制,田纳西大学工业与信息工程系硕士论文,2004 年。

66. Milan Milatovic,开发用于人工智能系统和制造设计中排序数据的康托尔搜索的模式估计技术,俄克拉荷马大学工业工程学院硕士论文,1996 年。

67. Linda Fox,专家系统定性信息在远距离预测中的应用,俄克拉荷马大学工业工程学院硕士,1995 年。

68. Catherine F. Benzo,用于车间性能分析的专家系统仿真元模型,俄克拉荷马大学工业工程学院硕士,1993 年。

69. Gaugarin Oliver,供应商发展计划的专家系统模型,俄克拉荷马大学工业工程学院硕士,1993 年。

70. Herschel J. Baxi,集成项目管理专家系统原型,俄克拉荷马大学工业工程学院硕士,1993 年。

71. Masayuki Nakada,康托尔集搜索算法的替代搜索主键分布的 AI 实验研究,俄克拉荷马大学工业工程学院硕士,1993 年。

72. Hong Wei,改进AI康托尔集搜索在数据库和人工智能中的应用,俄克拉荷马大学硕士(计算机科学),1993年(与Le Gruenwald博士联合主席)。

73. Alaa E. Arif,用于设施规划的具有模糊语言模型的集成专家系统,俄克拉荷马大学工业工程学院硕士,1993年。

74. Radha Maganty,使用MBNQA标准评估公司质量水平的模糊专家系统模型,俄克拉荷马大学工业工程学院硕士,1993年。

75. David Bruce Sieger,一种实时人工智能监控系统的实现方法,俄克拉荷马大学工业工程学院硕士,1993年。

76. Krishna K. Muppavarapu,使用AI基于知识的计算机视觉对汽车发动机气门进行质量检测,俄克拉荷马大学工业工程学院硕士,1992年。

77. Arun Simha,帕累托分析的专家系统模型,俄克拉荷马大学工业工程学院硕士,1992年。

78. Joseph Chetupuzha,专家系统中知识获取和多重知识集成的AI设计考虑因素,俄克拉荷马大学工业工程学院硕士,1992年。

79. Rajesh Nath B,PC Opal:基于AI的用于优化参数级别的PC工具——使用田口的正交数组设计实验并分析响应的专家系统,俄克拉荷马大学工业工程学院硕士,1991年。

80. Ravindra Sunku,ROBEX(机器人专家):制造机器人系统实施的专家系统,俄克拉荷马大学工业工程学院硕士,1991年。

81. Amol W. Karode,多种人工智能知识表示的集成方法:基于分层黑板的专家统计过程控制系统,俄克拉荷马大学工业工程学院硕士,1991年。

82. Deepak Sundaram,JUSTEX:用于先进制造技术证明的专家系统,俄克拉荷马大学工业工程学院硕士,1991年。

83. Russell Nowland,面向可制造性设计的多媒体专家系统设计,俄克拉荷马大学工业工程学院硕士,1989年。

84. Satyanarayanan Dhanuskodi,项目网络仿真建模专家系统,俄克拉荷马大学工业工程学院硕士,1989 年。

85. Ajay Joshi,PROCESS-PLUS:用于生成过程规划的原型专家系统,俄克拉荷马大学工业工程学院硕士,1989 年。

86. Neetin Datar,机器人咨询原型专家系统(ROBCON),俄克拉荷马大学工业工程学院硕士,1988 年。

87. Stan Shore,制造设施集成中设计约束融合的 AI 系统方法,俄克拉荷马大学工业工程学院硕士,1988 年。

88. K. Khuzema,项目调度的启发式选择专家系统,俄克拉荷马大学工业工程学院硕士,1988 年。

89. Scott Douglas Kelley,设计用于医院环境电磁干扰管理的专家系统框架,俄克拉荷马大学硕士论文,1997 年。

90. Wynette R. Arviso,在开发有效的人机界面中对 Navajo 口语的研究,俄克拉荷马大学硕士论文,1996 年。

91. A. K. M. Moniruzzaman Chowdhury,井口保护区污染源优先排序专家系统,俄克拉荷马大学博士论文(土木工程与环境科学),1995 年。

92. Janice Mathis,跨教育专业课程基于人工智能技术的写作开发,俄克拉荷马大学博士论文(教育学院),1994 年。

93. Oren Johnson,龙卷风应急通告的人工智能决策支持系统,俄克拉荷马大学博士论文(商学院),1993 年。

94. Jacob Jen-gwo Chen,用于体力工作强度分析的原型专家系统,俄克拉荷马大学博士论文,1987 年。

95. Srikumar Kesavan,使用过程控制器和模块化组件的柔性制造专家系统的动态仿真,俄克拉荷马大学硕士论文,1987 年。

附件:

上述 95 个案例的原文如下,以供读者参考。

1. Milatovic,M. and A. B. Badiru,"Applied Mathematics Modelingof Intelligent Mapping and Scheduling of Interdependent and Multi-functional Project Resources," Applied Mathematics and Computation,Vol. 149,Issue 3,2004,pp. 703-721.
2. Milatovic,M. and A. B. Badiru,"Control Sequence Generation in Multistage Fuzzy Control Systems for Design Process," AIEDAM (Artificial Intelligence for Engineering Design,Analysis,and Manufacturing),Vol. 15,2001,pp. 81-87.
3. Milatovic,Milan and A. B. Badiru,"Fast Estimation of the Modal Position for Unimodally Distributed Data," Intelligent Data Analysis,Vol. 2,No. 1,Jan. 1998,
4. Badiru,A. B. and D. B. Sieger,"Neural Network as a Simulation Metamodel in Economic Analysis of Risky Projects," European Journal of Operational Research,Vol. 105,1998,pp. 130-142.
5. McCauley-Bell,Pam and A. B. Badiru,"Fuzzy Modeling and Analytic Hierarchy Processing - Means to Quantify Risk Levels Associated with Occupational Injuries -- Part II: The Development of a Fuzzy Rule-Based Model for the Prediction of Injury," IEEE Transactions on Fuzzy Systems,Vol. 4,No. 2,May 1996,pp. 132-138.
6. McCauley-Bell,Pam and A. B. Badiru,"Fuzzy Modeling and Analytic Hierarchy Processing to Quantify Risk Levels Associated with Occupational Injuries -- Part I: The Development of Fuzzy Linguistic Risk Levels," IEEE Trans on Fuzzy Systems, Vol. 4, No. 2, May 1996,pp. 124-131.

7. Badiru, A. B. and Alaa Arif, "Flexpert: Facility Layout Expert System Using Fuzzy Linguistic Relationship Codes," IIE transactions, Vol. 28, No. 4, April 1996, pp. 295-308.
8. Al-Harkan, Ibrahim and A. B. Badiru, "Knowledge-Based Approach to Machine Sequencing," Engineering Design and Automation, Vol. 1, No. 1, Spring 1995, pp. 43-58.
9. Badiru, A. B. and Vassilios Theodoracatos, "Analytical and Integrative Expert System Model for Design Project Management," Jnrl of Design and Manufacturing, Vol. 4, 1994, pp. 195-213.
10. Badiru, A. B., "A New Computational Search Technique for AI Based on Cantor Set," Applied Mathematics and Computation, Vol. 55, 1993, pp. 255-274.
11. Sieger, David B. and A. B. Badiru, "An Artificial Neural Network Case Study: Prediction versus Classification in a Manufacturing Application," Computers and Industrial Engineering, Vol. 25, Nos. 1-4, March 1993, pp. 381-384.
12. Sieger, David B. and A. B. Badiru, "Real-Time Integrated Model for Visual Perception and Fuzzy Control," Computers and Industrial Engineering, Vol. 23, Nos. 1-4, 1992, p. 355-358.
13. Somasundaram, S. and A. B. Badiru, "Intelligent Project Management for Successful Implementation of Continuous Quality Improvement," International Journal of Project Management, Vol. 10, No. 2, May 1992, pp. 89-101.
14. Badiru, A. B., "Successful Initiation of Expert Systems Projects," IEEE Transactions on Engineering Management, Vol. 35, No. 3, August 1988, pp. 186-190.

15. Badiru, A. B., "Cost-Integrated Network Planning Using Expert Systems," Project Management Journal, Vol. 19, No. 2, April 1988, pp. 59-62.

16. Badiru, A. B., Janice Karasz, and Bob Holloway, "AREST: Armed Robbery Eidetic Suspect Typing Expert System," Journal of Police Science and Administration, Vol 16, No 3, Sept 1988, pp. 210-216.

17. Badiru, A. B., "Expert Systems and Industrial Engineers: A Practical Guide for a Successful Partnership," Computers & Industrial Engineering, Vol. 14, No. 1, 1988, pp. 1-13.

18. Milatovic, M.; A. B. Badiru; and T. B. Trafalis, "Taxonomical Analysis of Project Activity Networks Using Competitive Artificial Neural Networks," Smart Engineering System Design: Neural Networks. Fuzzy Logic, Evolutionary Programming, Data Mining, and Complex Systems: Proceedings of ANNIE Conference, ST. Louis, MO, Nov 5-8, 2000.

19. Milatovic, M. and A. B. Badiru, "Intelligent Sectioning for Searching of Unimodal Data," Proceedings of 1997 IEEE International Conference on Systems, Man, and Cybernetics, Orlando, Florida, Oct 12-15, 1997.

20. Milatovic, M. and A. B. Badiru, "Mode Estimating Procedure for Cantor Searching In Artificial Intelligence Systems," Proceedings of First International Conference on Engineering Design and Automation, Bangkok, Thailand, March 1997.

21. Badiru, A. B., V. E. Theodoracatos, and James Grimsley, "State-Space and Expert Systems Hybrid Model for Performance Meas-

urement in Design Integration," Proceedings of the 1997 NSF Design & Manufacturing Grantees Conference, Seattle, WA, January 7-10, 1997, pp. 39-40.

22. Badiru, A. B., V. E. Theodoracatos, and D. B. Sieger, "AI-Based Performance Measurement in Manufacturing Design," Proceedings of 5th Industrial Engineering Research Conference, Minneapolis, MN, May 18-20, 1996, pp. 245-250.

23. Badiru, A. B., V. E. Theodoracatos, and James Grimsley, "State-Space and Expert Systems Hybrid Model for Performance Measurement in Design Integration," Proceedings of the 1996 NSF Design & Manufacturing Grantees Conference, Albuquerque, NM, January 1996.

24. Badiru, A. B., V. Theodoracatos, David Sieger, James Grisley, "State-Space and Expert System Hybrid Model for Performance Measurement in Design Integration," Proceedings of the 1995 NSF Design & Manufacturing Grantees Conference, San Diego, CA, Jan. 4-6, 1995, pp. 85-86.

25. Badiru, A. B. and L. Gruenwald, "A New Approach to AI Database Search Based on Cantor Set," Proceedings of International Conference on Computer Applications in Industry and Engineering, Honolulu, Hawaii, December 15-17, 1993, pp. 195-199.

26. Chandler, D., G. Abdelnour, S. Rogers, J. Huang, A. Badiru, J. Cheung, C. Bacon, "Fuzzy Rule-Based AI System for Early Fault Detection Prediction," Proceedings of the 7th Oklahoma Symposium on Artificial Intelligence, Stillwater, Oklahoma, November 18-19, 1993, pp. 62-66.

27. Wei, Hong; L. Gruenwald; and A. B. Badiru, "Improving AI Cantor Set Search for Applications in Database and Artificial Intelligence," Proceedings of the 7th Oklahoma Symposium on Artificial Intelligence, Stillwater, Oklahoma, November 18-19, 1993, pp. 250-259.

28. Oliver, Gaugarin E. and A. B. Badiru, "An Expert System Model for Supplier Development Program in a Manufacturing Firm," Proceedings of the 7th Oklahoma Symposium on Artificial Intelligence, Stillwater, Oklahoma, November 18-19, 1993, pp. 135-141.

29. Badiru, A. B., "Search Heuristic for Expert Systems in Manufacturing Design," Proceedings of First Africa-USA International Conference on Manufacturing Technology, Lagos, Nigeria, January 11-14, 1993, pp. 259-266.

30. Rogers, Steven Hill and A. B. Badiru, "A Fuzzy Set Theoretic Framework for Knowledge-Based Simulation," Proceedings of 15th Annual Conference on Computers and Industrial Engineering, Cocoa Beach, Florida, Vol. 25, Nos. 1-4, March 1993, pp. 119-122.

31. McCauley-Bell, Pamela and A. B. Badiru, "Concept Mapping as a Knowledge Acquisition Tool in the Development of a Fuzzy Rule-Based Expert System," Proceedings of 15th Annual Conference on Computers and Industrial Engineering, Cocoa Beach, Florida, Vol. 25, Nos. 1-4, March 1993, pp. 115-118.

32. Sieger, Dave and A. B. Badiru, "Neural Network as a Simulation Metamodel in Economic Analysis of Risky Projects," presented at the ORSA/TIMS conference, Phoenix, Arizona, October 31 - No-

vember 3,1993.

33. Badiru, A. B. ; Le Gruenwald; and Theodore Trafalis, "A New Search Technique for Artificial Intelligence Systems," Proceedings of the Sixth Oklahoma Symposium on Artificial Intelligence, Tulsa, Oklahoma, November 11-12, 1992, pp. 91-96.
34. Arif, Alaa E. and A. B. Badiru, "An Integrated Expert System with a Fuzzy Linguistic Model for Facilities Layout," Proceedings of the Sixth Oklahoma Symposium on Artificial Intelligence, Tulsa, Oklahoma, November 11-12, 1992, pp. 185-194.
35. Rogers, Steve and A. B. Badiru, "AI Fuzzy Reliability Modeling," Proceedings of IASTED International Conference on Reliability, Quality Control, and Risk Assessment, Washington, DC, November 4-6, 1992, pp. 38-40.
36. McCauley-Bell, Pamela and A. B. Badiru, "An AI Fuzzy Linguistics Model for Job Related Injury Risk Assessment," Computers & Industrial Engineering (Proceedings of 14th Annual Conference on Computers and Industrial Engineering, Orlando, Florida, March 1992), Vol. 23, Nos. 1-4, 1992, pp. 209-212.
37. Badiru, A. B. and Shivakumar Raman, "An Integrative Approach to Designing Expert Systems for Robots Selection," Proceedings of SME Fourth World Conference on Robotics Research, Pittsburgh, PA, September 17-19, 1991, pp. 13.15-13.28.
38. Somasundaram, S. and A. B. Badiru, "An Expert System for External Cylindrical Grinding: Planning, Diagnosing, and Training," Proceedings of the Fifth Oklahoma Symposium on Artificial Intelligence, Norman, Oklahoma, November 1991, pp. 20-29.

39. Badiru,A. B. ,"OKIE-ROOKIE: An Expert System for Industry Relocation Assessment in Oklahoma,"Proceedings of the Fifth Oklahoma Symposium on Artificial Intelligence,Norman,Oklahoma,November 1991.

40. Chetupuzha,Joseph M. and A. B. Badiru,"AI Design Considerations for Knowledge Acquisition," Proceedings of 13th Annual Conference on Computers and Industrial Engineering, Orlando, Florida,March 1991,Computers & Industrial Engineering, Vol. 21,Nos. 1-4,1991,pp. 257-261.

41. Karasz,Janice; Bob Holloway; and A. Badiru,"AI-Based Writing Skills for Technical Academia Using Computers," Proceedings of 13th Annual Conference on Computers and Industrial Engineering,Orlando,Florida,March 1991,Computers & Industrial Engineering,Vol. 21,Nos. 1-4,1991,pp. 407-411.

42. Badiru, A. B. ,"Justification of Expert Systems Using Analytic Hierarchy Process," Proceedings of 1991 World Congress on Expert Systems,Orlando,Florida,December 1991.

43. Sunku,Ravindra and A. B. Badiru,"ROBEX (Robot Expert): An Expert System for Manufacturing Robot System Implementation," Proceedings of 12th Annual Conference on Computers and Industrial Engineering, Orlando, Florida, March 1990, Computers & Industrial Engineering,Vol. 19,Nos. 1-4,1990,pp. 481-483.

44. Badiru,A. B. ,"AI State Space Modeling for Knowledge Representation in Project Monitoring and Control," presented at the ORSA/TIMS Fall Conference,Denver,October 1988.

45. Badiru,A. B. and Hassan Haideri,"Use of Expert Systems in the

Heat Treatment of Steel," presented at the ORSA/TIMS Spring Conference, Washington, DC, April 1988.

46. Holloway, Bob; Janice Karazs; and A. B. Badiru, "Knowledge Elicitation for Expert Systems in the Law Enforcement Domain," Proceedings of 11th Annual Conference on Computers and Industrial Engineering, Orlando, Florida, March 1989, Computers & Industrial Engineering, Vol. 17, Nos. 1-4, 1989, pp. 90-94.

47. Joshi, Ajay P.; Neetin N. Datar; and A. B. Badiru, "Knowledge Acquisition and Transfer," in Proceedings of the 1988 Oklahoma Symposium on Artificial Intelligence, Norman, Oklahoma, November 1988, pp. 355-378.

48. Datar, Neetin N. and A. B. Badiru, "A Prototype Knowledge Based Expert System for Robot Consultancy-ROBCON," in Proceedings of the 1988 Oklahoma Symposium on Artificial Intelligence, Norman, Oklahoma, November 1988, pp. 51-68.

49. Badiru, A. B., Janice M. Mathis, and Bob T. Holloway, "Knowledge Base Design for Law Enforcement," Proc of 10th Annual Conf on Computers and Industrial Engineering, Dallas, Texas, March 1988, Computers & Industrial Engineering, Vol. 15, Nos. 1-4, 1988, pp. 78-84.

50. Badiru, A. B., "Expert Systems Application in Manufacturing," seminar, Center of Excellence in Manufacturing, Tennessee Technological University, August 14, 1988.

51. Badiru, A. B., "Applications of Artificial Intelligence in Economic Development," Oklahoma State Legislature, February 1987.

52. Badiru, A. B., "AI Cantor Set Modeling for Manufacturing

Knowledge Representation," presented at the ORSA/TIMS Spring Conference, New Orleans, April 1987.

53. Badiru, A. B. and Gary E. Whitehouse, "The Impact of the Computer on Resource Allocation Algorithms," Presented at the ORSA/TIMS Fall Conference, Miami, Florida, October 1986.
54. Badiru, A. B., "Expert Systems," Invited Lecture, Health Sciences Center, Oklahoma City, March 1986.
55. Badiru, A. B. and James R. Smith, "Setting Tolerances by Intelligent Computer Simulation," Proceedings of 1982 IIE Fall Conference, Cincinnati, Ohio, November 1982, pp. 284-288.
56. Bridges, Tim, "The Effect of Intermittent Forgetting Upon Learning and Productivity Within Production Systems," Ph. D. Dissertation, University of Oklahoma, 2000. Professor of Operations Management, University of Central Oklahoma.
57. Milatovic, Milan, "Mapping of Multicapable and Interdependent Resource Units in PERT/CPM Networks" Ph. D. Dissertation, University of Oklahoma, 2000. Won the IIE E. J. Sierleja Fellowship Award in 1999. Research & Development Scientist, Mercaritech Corp. Arkansas. Voted one of Professional Top 40 Under 40 in Northwest Arkansas, 2001.
58. Sieger, David, "Performance Quantification Model Using State Space for Design and Manufacturing Integration," Ph. D. Dissertation, University of Oklahoma, 1995. Lead Software Engineer, Hyperfeed Technologies, Chicago. Formerly assistant professor of IE, University of Illinois at Chicago.
59. Rogers, Steve, "Fuzzy Inferencing Approach to Modeling and

Simulation," Ph. D. Dissertation, University of Oklahoma, 1993. Senior Artificial Intelligence Engineering, Seagate Technologies, Oklahoma City.

60. McCauley-Bell, Pamela, "A Fuzzy Linguistic Artificial Intelligence Model for Assessing Risks of Cumulative Trauma Disorders of the Forearm and Hand," Ph. D. Dissertation, University of Oklahoma, 1993.
61. Peters, John, "Generating Intelligent Knowledge Base Information from MIS Data Bases for Equipment Diagnostic Expert Systems," Ph. D. Dissertation, University of Oklahoma, 1992. Mining Operations Manager (retired), Morrison Knudsen, Inc., Las Vegas.
62. Nsofor, Godswill, "A Comparative Analysis of AI Predictive DataMining Techniques," MS Thesis, Department of Industrial & Information Engineering, University of Tennessee, 2006.
63. Downes, Paula Sue, "Development of An Intelligent Transportation Network Model for Complex Economic and Infrastructure Simulations," M. S. Thesis, Department of Industrial & Information Engineering, University of Tennessee, 2006.
64. Delgado, Vincent G., "An Intelligent Computer Modeling Approach for Critical Resource Diagramming Network Analysis in Project Scheduling," M. S. Thesis, Department of Industrial & Information Engineering, University of Tennessee, 2004.
65. Gunter, Jamie Ehresman, "Intelligent Implementation of Critical Path Method and Critical Resource Diagramming Using Arena Simulation Software," M. S. Thesis, Department of Industrial & Information Engineering, University of Tennessee, 2004.

66. Milatovic,Milan,"Development of Mode Estimating Technique for Cantor Search of Sorted Data in Artificial Intelligence Systems and Manufacturing Design," M. S. Thesis,School of Industrial Engineering,University of Oklahoma,1996.
67. Fox,Linda,"The Application of Expert System Qualitative Information to Long Range Forecasts," M. S. ,School of Industrial Engineering,University of Oklahoma,1995.
68. Benzo,Catherine F. ,"Expert System Simulation Metamodel for Shop Floor Performance Analysis," M. S. ,School of Industrial Engineering,University of Oklahoma,1993.
69. Oliver,Gaugarin,"An Expert System Model for Supplier Development Program," M. S. ,School of Industrial Engineering,University of Oklahoma,1993.
70. Baxi,Herschel J. ,"A Prototype Expert System for Integrated Project Management," M. S. ,School of Industrial Engineering,University of Oklahoma,1993.
71. Nakada,Masayuki,"AI Experimental Investigation of Alternate Search Key Distributions for Cantor Set Search Algorithm," M. S. ,School of Industrial Engineering,University of Oklahoma,1993.
72. Wei,Hong,"Improving AI Cantor Set Search for Applications in Database and Artificial Intelligence," M. S. (Computer Science),University of Oklahoma,1993 (co-chair with Dr. Le Gruenwald).
73. Arif,Alaa E. ,"An Integrated Expert System with a Fuzzy Linguistic Model for Facilities Layout," M. S. ,School of Industrial Engineering,University of Oklahoma,1993.
74. Maganty,Radha,"Fuzzy Expert System Model for Assessment of

Quality Level in a Company Using MBNQA Criteria," M. S., School of Industrial Engineering, University of Oklahoma, 1993.

75. Sieger, David Bruce, "A Methodology for A Real-Time Artificial Intelligence Surveillance System," M. S., School of Industrial Engineering, University of Oklahoma, 1993.

76. Muppavarapu, Krishna K., "Quality Inspection of Automotive Engine Valves Using AI Knowledge-Based Computer Vision," M. S., School of Industrial Engineering, University of Oklahoma, 1992.

77. Simha, Arun, "An Expert System Model for Pareto Analysis," M. S., School of Industrial Engineering, University of Oklahoma, 1992.

78. Chetupuzha, Joseph, "AI Design Considerations for Knowledge Acquisition and Multiple Knowledge Integration in Expert Systems," M. S., School of Industrial Engineering, University of Oklahoma, 1992.

79. B, Rajesh Nath, "PC Opal: AI-based PC Tool for Optimizing Parameter Levels: An Expert System to Design Experiments Using Taguchi's Orthogonal Arrays and to Analyze Responses," M. S., School of Industrial Engineering, University of Oklahoma, 1991.

80. Sunku, Ravindra, "ROBEX (Robot Expert): An Expert System for Manufacturing Robot System Implementation," M. S., School of Industrial Engineering, University of Oklahoma, 1991.

81. Karode, Amol W., "An Integrated Approach for Multiple AI Knowledge Representation: Hierarchical Blackboard-Based Expert

Statistical Process Control System," M. S. , School of Industrial Engineering, University of Oklahoma, 1991.

82. Sundaram, Deepak "JUSTEX: An Expert System for the Justification of Advanced Manufacturing Technology," M. S. , School of Industrial Engineering, University of Oklahoma, 1991.
83. Nowland, Russell, "Design of Multimedia Expert System for Design for Manufacturability," M. S. , School of Industrial Engineering, University of Oklahoma, 1989.
84. Dhanuskodi, Satyanarayanan, "An Expert System for Simulation Modeling of Project Networks," M. S. , School of Industrial Engineering, University of Oklahoma, 1989.
85. Joshi, Ajay, "PROCESS-PLUS: A Prototype Expert System for Generative Process Planning," M. S. , School of Industrial Engineering, University of Oklahoma, 1989.
86. Datar, Neetin, "A Prototype Expert System for Robot Consultancy (ROBCON)," M. S. , School of Industrial Engineering, University of Oklahoma, 1988.
87. Shore, Stan, "AI Systematic Approach to Design Constraint Convergence when Integrating Manufacturing Facilities," M. S. , School of Industrial Engineering, University of Oklahoma, 1988.
88. Khuzema, K. , "Expert System for Heuristic Selection for Project Scheduling," M. S. , School of Industrial Engineering, University of Oklahoma, 1988.
89. Kelley, Scott Douglas, "Design of a framework for an expert system to manage electromagnetic interference in the hospital environment," M. S. Thesis, University of Oklahoma, 1997.

90. Arviso, Wynette R. , "Investigation of the spoken Navajo language in the development of an effective human-computer interface," M. S. Thesis, University of Oklahoma, 1996.

91. Chowdhury, A. K. M. Moniruzzaman, "Expert System for Prioritization of Contaminant Sources in Wellhead Protection Areas," Ph. D. Dissertation (Civil Engineering & Environmental Science), University of Oklahoma, 1995.

92. Mathis, Janice, "Development of AI-Based Technical Knowledge for Writing Across the Curriculum for Education Majors," Ph. D. Dissertation (College of Education), University of Oklahoma, 1994.

93. Johnson, Oren, "Artificial Intelligence Decision Support System for Emergency Notification for Tornado Incidents," Ph. D. Dissertation (College of Business), University of Oklahoma, 1993.

94. Chen, Jacob Jen-gwo, "Prototype expert system for physical work stress analysis," Ph. D. Dissertation, University of Oklahoma, 1987.

95. Kesavan, Srikumar, "Dynamic simulation of flexible manufacturing expert system using a process controller and modular component," M. S. Thesis, University of Oklahoma, 1987.

第3章
人工智能(AI)的数字系统框架

3.1 人工智能的数字框架

在本章中,我们将讨论在数字时代 AI 是如何迅速发展的,这些讨论许多都是在系统工程(Systems Engineering,SE)的概念、工具和技术的背景下所进行的。系统工程是一门致力于集成各种元素来实现更强大整体的学科。从人工智能(AI)实现的角度来看,数字时代由基于数字的科学、技术、工程和数学(Science,Technology,Engineering,Mathematics,STEM)所构成。数字框架对于 AI 的实现至关重要,因为人们期望所达成集成能力具有更快捷、更高效、更有效、更适应、更一致、更符合资源意识的特征。这样的集成环境需要考虑的一些内容包括以下几方面:

- 满足计算需要的 IT 基础设施;
- 用于安全数据存储的中心化云系统;
- 模型、工具、技术和策略协同的生态系统;
- 可靠数据的可用性和可访问性;
- 促进遵循标准的开放式架构;
- 贯穿系统生命周期可持续的集成过程;
- 员工队伍接纳和运用数字平台的敏捷性。

3.2 数字工程和系统工程

源于数字平台，系统功能将能够更好地发挥，如此的有机联结将为AI的更好地实现铺平了道路。这就要求人在回路的过程也要贯彻数字思维，如果一个数字工具中缺乏有关人的数字准备度的考量，这将是不可持续的。因此，员工队伍适应数字化的发展，对于拥抱AI是至关重要的。我们将上述对数字环境的理解以及工业与系统工程（Industrial and Systems Engineering，ISE）常用定义相结合，可以看到数字系统框架如何匹配数字时代的期望、目标及目的（Badiru，2014a；Badiru，2014b）。对于本节中相关主题，将使用以下的定义。

系统的定义：系统是相互关联元素的集合，其整体输出（共同）高于系统各个元素的总和。

工业工程的定义：工业工程是一门针对由人员、物料、信息、设备和能源组成的集成系统，开展设计、安装和改进的专业学科，其利用数学、物理、社会科学领域专门的知识和技能，也包括工程分析、设计的原则和方法，从而指定、预测并评估系统所获得的结果。

系统工程的定义：系统工程（SE）通过系统地收集和集成那些与问题生命周期相关的各个部分，从而应用工程工具和技术来提出面向多方面问题的解决方案。它是涉及大型或复杂系统的开发、实现和运用的工程学的分支，在于聚焦于系统的特定目标，考虑系统的规范、当前主要的约束、预期的服务以及可能的行为和结构；它还要考虑开发系统所需的活动能够确保系统性能符合指定的目标。

数字工程的定义：数字工程是使用数字（即电子）工具和流程来创建、捕获、设计、评估、证实以及集成数据的艺术和科学的结合。

数字系统框架的定义:本书提出的数字系统框架是使用工业工程、系统工程和数字工程相结合的流程,以高效、有效、可持续和可重复的方式实现资源的管理、配置和组织的过程,从而达成组织和运行的目标。数字化特征有助于提高可重复性和一致性。

为实现系统的经济、高效和适时地运行,系统工程需要应对工具、人员和流程的集成问题。系统性地将输入与目标、输出关联起来,这对于处理好工具、人员和运行流程的集成十分重要。典型的决策支持模型是系统的表示方式,可用于回答有关系统的各种问题。虽然系统工程的模型有助于决策,但它们通常并不是传统的决策支持系统。其结果是,使用系统工程方法将解决方案集成到正常的组织流程中。出于这一原因,我们期望使用 DEJI 系统模型,从而来设计、评估、证实和集成系统的结构化框架,这对于数字系统实现和 AI 应用是至关重要的。

3.3 DEJI 系统模型的介绍

系统性能应来源于高效性、有效性和效率性(efficiency、effectiveness、productivity)三者的交集:

- 高效性——根据所需的资源和投入为达成预期品质(质量)所提供的性能的框架;
- 有效性——为满足组织的特定需求和要求,在性能应用方面所发挥的作用;
- 效率性——追求 AI 系统数字化实现的重要因素,其与组织产能有关。

为了达到预期的质量、高效性、有效性和效率性水平,我们必须采用新的研究框架。在本节中,我们将介绍一个用于系统的设计、评估、证实和集成(DEJI)的性能增强模型。该模型与数字系统工程、AI应用研究工作相关。系统工程DEJI模型为数字系统平台提供了另一个可选方法,尽管该模型通常适用于一般类型的系统建模,但特别适合将DEJI模型应用于系统质量的描述。DEJI模型的核心阶段如下:

- 设计——包括在项目起始所提供的所有系统计划工作,因此,设计可涵盖技术产品设计、流程启动以及概念开发,从本质上讲,“设计”代表了需求和规范;
- 评估——用于各种定性和定量测度的评估,具体取决于组织的需要;
- 证实——可依据资金、技术或社会等原因来开展证明;
- 集成——针对组织正常或标准的运行来实施。

图3.1表明了DEJI模型的整个完整环节。

图3.1 设计、评估、证实和集成的DEJI系统模型

现在,我们来解释和描述DEJI模型中嵌入的所有运行的元素,如下:

- 设计体现在敏捷性、定义最终目标以及利益相关方的参与;
- 评估体现在可行性、测度、收集证据以及评估效用;
- 证实体现在预期性,聚焦于实现以及清晰地表明结果的合理性;
- 集成体现可承受性、可持续性和实用性。

针对应用目的,各个元素以系统的方式进行连接和交互,从而提升组织的整体运行性能。

3.3.1 面向系统质量应用DEJI系统模型

质量涉及的若干方面,必须依据定量和定性的特征领域开展严谨的研究。很多时候,人们认为质量是理所当然的事情,而直到实现阶段缺陷才显露出来,届时纠正可能为时已晚。产品召回率的不断增长的趋势,正是产品概念阶段对质量源头和潜在影响先验分析[①]的具体表现。这种方法推崇使用DEJI模型,通过层级化和阶段化的流程方法来增强质量设计、质量评估、质量证实和质量集成。更高层次的数字质量是可实现的,产品和服务的质量总还有提升空间。但我们必须在系统开发周期之始就要投入更多的研究工作。从社会和行为科学的角度来看,即使是质量感知环节中的人因元素,也可从更有针对性的研究中受益,这将有利于人们对AI应用的接纳程度。具体而言,由于DEJI系统模型聚焦于集成方面,因此可有效地实现以下的系统目标:

- 创建集成的环境,为影响企业文化和数字化实施提供顶层的指导;
- 为促进分析、数据可视化和策略实施提供用于赋能和协同的数字工具;
- 针对实现策略和实现步骤提供指导;

① 译者注:先验分析是指以先验逻辑对具体问题进行分析判断的方法。

- 为支持数字转型，开发一致的IT支持系统；
- 为紧跟数字环境的发展步伐，制定员工队伍的发展项目和培训计划。

以下几种系统工程模型也可用于面向AI来构建数字系统框架，下面将讨论几种众所周知的模型(Badiru，2019)。

1. 瀑布模型

瀑布模型也称为线性-串行的生命周期模型，它将系统工程开发流程分解为互不重叠的线性的顺序阶段。我们将该模型看作一种逐层向下的工程开发方法。瀑布模型假设必须先完成前一阶段的工作，才能启动下一阶段的。此外，每个阶段在其周期结束时需要进行评审，由此确定项目是否符合其规范、需要以及需求。尽管在瀑布模型中，项目任务有序推进简化了开发过程，但它无法在不带来高昂成本的情况下，应对生命周期后续发现的未完的任务或所做出的更改。考虑到瀑布模型的特点，这不难理解水往低处流的道理，除非利用泵机强制使其向上流，而这将导致额外的成本。因此，此模型更适用于那些清晰界定和准确理解的简单项目。

案例研究：美国阿肯色州康威地区医疗中心升级项目，应用瀑布模型发挥了重要作用。到2010年，该医疗中心仍未建立家庭医疗患者的电子数据库以及信息管理系统。因此，医院计划采购满足这一需求的软件，并在项目中采用了瀑布模型。首先，医院管理层将其问题定义为：需要某一方法来维护家庭医疗患者的文档并记录在数据库之中。然后，针对这一项目，医院选择采购而不是设计所需的软件。在定义了系统的需求之后，医院行政团队采购了他们认为最合适的软件。在医院将该软件集成到家庭医疗系统之前，进行系统的测试。但在测试完成后，医院发现软件代码还需每6周更新一次，更新工作也纳入到医院使用新系统的运维计划中。在系统实施中，测试并进入运维计划后，该系统上线最终将被认为取得了重要的成功。通过使用瀑布模型，该软件的使用步入正轨，成为康威地区医疗中心主要应用的家庭医疗软件。

2. V模型

V模型,或验证和确认模型,是瀑布模型的加强版,而瀑布模型在于阐明系统生命周期的各个不同的阶段。V模型也许是最为常用的系统工程模型。它与瀑布模型十分类似,因为两者都是线性模型,在进入下一阶段之前,每个阶段都需经过验证。从V模型的左侧开始,开发活动的描述从运行概念到右侧的集成和验证活动。使用该模型的优势是,生命周期的每个阶段都有相应的测试计划,有助于在生命周期早期就能发现错误,并最大限度地减少以后出现的问题,从而验证是否符合项目的规范。因此,V模型非常适合用于主动测试发现缺陷并开展追溯。然而,V模型的一个缺点是比较僵化,很难灵活地调整项目的范围。在V模型中重复某些阶段不仅十分困难,而且成本高昂。因此,V模型最适合于那些项目周期、范围和规范已完善定义的小型任务。

案例研究:查塔努加(Chattanooga)地区区域交通管理局(CARTA)成功运用V模型,促成了美国首批之一的智能交通系统。V模型用于指导新系统的设计,并将新系统集成到现有的公共汽车、电动运输和轻轨车辆系统中。在新的智能系统引入了一系列功能,例如客户数据管理、随需而变的自动路由调度、自动售票、自动诊断维护系统以及计算机辅助调度和跟踪。这些功能对于中型都市来说是革命性的。在保留传统交通系统的同时,CARTA集成新系统,通过将V模型分割为多个片段而得以实现。CARTA有一支专门的团队来管理位于V模型底部的开发工作,在其中封装了多类传统的交通系统。然后,CARTA确保各团队专注于系统中各个新组件的定义、测试和集成。将传统和创新相互分离——使CARTA保留有价值的功能,同时为系统增添新的功能,从而有效提升系统的可用性、安全性和效率。

3. 螺旋模型

螺旋模型与V模型相似,因其协调连续的活动中存在着许多相同的阶段活动,因此表示项目的开发阶段。该模型贯穿生命周期实现了多轮的工作流，从而可更好地理解设计需求和应对工程的复杂性。反复迭代的设计特别适于当前流行的基于模型的系统工程方法，如快速原型法和快速失效法。另外，该模型假设沿着螺旋的每次迭代都会产生新的信息，并将推动技术的不断成熟，开展项目财务状况评估并证实项目可持续地进行。因此，从这种方法中吸取的经验教训，为改进产品提供了数据来源。总体来说，螺旋模型可与防务生命周期管理的愿景完美地匹配，并整合了系统的设计、生产和集成的方方面面。

美国 RQ-4 全球鹰无人机系统的运行管理和运用平台的开发基础是螺旋模型。全球鹰项目中涉及六个不同的螺旋式的分阶段，其中每个螺旋阶段在于为飞机增加新的功能。初始时螺旋阶段先是确保飞机飞到空中并可长时间留空，从而支持构建一个网络。从飞行操控人员到维护人员，所有一切都经过了不断的优化，尽可能地使“全球鹰”长时间在空中滞留。之后的阶段，将为无人机增添图像情报（IMINT）、信号情报（SIGINT）、雷达等设备以及可生存性的能力。在螺旋式开发周期中，这些功能都是逐项增添的，从而确保每项功能都集成到无人机中并达到运行标准，同时可在开发下一个功能之前进行调整并由此满足标准。螺旋式逐步增加功能的优势，极大地帮助了全球鹰工程项目在预算和进度要求之内投入到运行之中。

4. 美国国防采办大学的系统工程模型

美国国防采办大学（DAU）提出新型的系统工程模型，也源自于 V 模型。但与传统的 V 模型有所不同，它支持类似于螺旋模型的迭代流程。DAU 流程的一个独特特征在于无需完整的生命周期就可获得迭代的优势。螺旋模型需完成整个的生命周期流程，而 DAU 模型可在阶段进行的任何点进行产品的细化和改进。这样的设计有利于早期的改进，有助于系统工程师规避预算问题，如成本超支。此外，该模型能够实现项目定义（分解）和产品完成（实现）之间的平滑过渡，这在软件开发和集成中非常有用。总体而言，DAU 模型很好地融合了 V 模型和螺旋模型。

美国空军研究人员使用这种定制的V模型,创建了一个辅助"战场飞行队"(Battlefield Airmen)的系统,用于识别友军并召唤近距空中支援,从而将地面部队的风险降至最小。该模型用于发现作战需要,并将其分解为目标的层次结构。研究人员使用这一层级目标设计了多个原型系统,试图整合所有既定的目标。他们使用快速原型法实现设计到生产的转化,然后在"战场飞行队"中进行作战测试。最终,成功制造出了一种友军标记设备,并可将这种宝贵的能力交付给作战人员。

5. 生长的骨架模型

生长的骨架模型[①]是一种精益的增量开发方法,在软件设计中使用普遍。它的核心是为系统的行为和结构创建一个骨架框架。系统的这一基本起点是最小功能集,而系统工程师在骨架上添加"肌肉"。该模型的第一步是创建一个系统,作为最终系统设计中特别基本且又不可或缺的部分。例如,如果使用这种方法来设计汽车,则骨架可以是车轮底盘加上发动机。一旦完成第一个基本步骤,就开始在骨架中添加"肌肉"。这些"肌肉"更加具体细化,并且一次添加一块,这意味着必须完成每个新功能之后,才能再在系统中添加。此外,强烈建议,系统中最困难的特征是第一批将要添加的"肌肉"。需要长时间开发以及由分承制/外包方主要承担研制的系统组件必须先期完成。这将成为骨架的核心,架构的其余部分可以优化,从而确保系统的关键功能得以预留和增强。

作为工程案例,波士顿动力公司在开发机器狗中使用了生长的骨架模型。工程师们针对这些四足机器人,所要做的第一件事就是创建一个电源和移动框架。在完成这一框架后,工程师们循序渐进地为项目添加更多功能,例如开门、抓取物品甚至搬运重物的功能。他们通过在骨架中增加"肌

---

① 译者注:源于软件开发领域的概念。在开发起始阶段,生长的框架反映应用软件架构的最小实现内容,仅是包含系统的基本组件及其连接关系,此时虽然子系统并不完备,但它们已经可以连接起来。顾名思义,系统结构已就位并且支持以初始的方式表现功能,但为了提供最终产品所需的服务能力,系统架构还需要在开发中进一步地充实和具体化。

肉”的过程中所学到的经验教训，使项目开发实现跳跃式的进步，并使整个的产品网络得以受益。

生长的骨架技术随开发系统的不同而不同。对于客户端-服务器系统，它将是一块联网的显示屏，连接到数据库，将信息返回到屏幕。而在前台-后端(front - end)的应用系统中，它作为平台之间的连接，实现语言中最简单元素的编译。在一个事务处理中，它将贯穿事务的全过程。

以下技术可用于创建出生长的骨架模型。

- **方法论塑造**：收集先前的经验信息，并以此制定入门者准则，该技术采用以下两个步骤：①项目访谈；②方法塑造研讨会。
- **反思研讨会**：支持反思改进的特定研讨会形式。在反思研讨会中，团队成员讨论哪些工作正常开展，哪些需要改进，以及下次将需要加入哪些独特的事物。
- **闪电式规划**：参与项目规划的每个成员在卡片上记录所有任务，然后对其进行排序、估算并制定相关的策略。然后，团队决定成本和时间等资源，并讨论前行路径上的障碍。
- **德尔菲估算**：一种为整个项目提出初始估算的方法。该方法需要成立一个由专家组成的小组，通过收集他们的意见，从而得出高精准度的估算。Burn Charts 工具用于估算实际的以及预估的工作时间。
- **每日站立例会**：一种日常在团队成员中传递信息的快速、高效的方法。这种简短的会议，可用于讨论现状、进展和挫折。会议务必简短，目的是发现项目的进展和障碍。
- **敏捷交互设计**：以应用为中心的设计方法的一种快捷版本，提出多个短期的截止日期来开展工作软件的交付，而无需重点考虑那些设计活动。为了简化用户界面的测试，可使用记录/捕获工具，如 LEET 软件工具。
- **流程微缩模型**：对于任何不熟悉且耗时的新流程，这是一种学习方法。当流程复杂时，新团队成员需要更多时间来理解流程不同部分如何相互匹配，通过使用流程的微缩模型，可以减少理解该过程所需的时间。

- **并行编程**：两人结对编程的另一种方法是“并行编程”。采用该方法时，对于同一项工作任务，两个人轮流提供输入，并且基本上是在使用同一个工作站。该方法可以提高生产效率并且修改错误的成本也更低。程序员可在不干扰他人工作的情况下，很方便地彼此进行审查。

6. 面向对象的分析和设计

面向对象的分析和设计（Object-Oriented Analysis and Design，OOAD）是一种面向系统工程的敏捷方法论，回避使用传统的系统设计的流程。传统方法要求在开发之前就要具有完备和准确的需求规范；而敏捷方法设定在整个产品开发周期中变化是不可避免的，并应该欣然接受它。对于许多遵循精准文档习惯的系统工程师来说，这是一个陌生的概念，需要对项目管理架构进行彻底变革才能得以实施。这种方法需要必要的支持，它的工作原理是将数据、流程和组件分组归到类似的对象中，而系统中包含彼此相互交互的逻辑组件。

例如，客户、供应商、合同方和租赁方协议将被分组为一类对象中。然后，此对象将由某人管理，对其中的数据和关系具有完全的执行控制权限。这种方法以人为本，依赖个人的能力以及相关对象的精准知识。在这以后，系统管理员需要将所有人员及其对象连接起来，以此创建最终的系统。这种方法取决于每个人完善其所负责的对象，而系统工程师将所有部分组合在一起。此方法将所有设计控制权限交到某一个工程师之手。系统工程中最常见的系统类型是软件工程，它确保在项目中领域专家专注于各自最擅长的事情。OOAD不允许常规的系统审查、流程验证，甚至调度管理，因此这样很难得到一致性的项目更新。虽然这样的方法对于小型团队的项目可能更有利，而对于任何有记载的美国空军项目，该方法都不太可能具有可行性。

3.3.2 数字数据的输入—流程—输出

AI实现的系统方法有三个按顺序排列的元素：输入、流程和输出。数字通信的主干是控制输入、连通流程以及监控输出，目的在于提升快速响应的执行，从而达成AI系统的性能。数字时代极大地提高了这三个部分的通信，从而大大加快了产品和服务的交付速度，并提升了质量，结果是在相同的速度和质量下提高了客户定制产品的产出能力。如果将组织的不同元素整合为一个统一协调的复杂组织体系，那么通信可以创造更高的效率、更好的运行效能以及节约成本。以下将在输入、流程和输出的框架内开展讨论。

- **输入**：输入通常是指明确的组织愿景、资源、技能熟练的员工队伍、流程需求、客户期望、原材料以及市场结构等。每个组织必须识别和定义相关输入集合，这些输入可以是可变的和动态的。数字技术对于追踪、存储和快速检索有关输入的信息非常有用。数据源、数字签名、协同、支持、变更管理、组织管理系统和活动的时间戳等，在数字环境中可以是管理输入的组成部分。
- **流程**：流程是组织利用输入来创造产品、服务和/或某些结果的固有能力。组织内的典型流程可能包括策略、程序步骤、生产能力、设计、优化模型等。组织的数字化流程在于使用输入和组织策略将设想转化为结果，亦即转化为输出。数字控制如今已嵌入到流程中，确保实现最终的目标。数据安全、凭证、商用外部接口、信息共享、培训、网络安全、外包、云计算和学习系统可成为组织流程的一部分，有助于监控和协调流程以获得最佳效果。例如，嵌入设备中的传感器可以比以往更快地感知那些失控的情况并提醒操作人员，从而快速响应、纠正问题以及减少浪费。使用条形码和扫描仪有助于原材料的追踪,允许直接将信号发给供应商,从而减少补货和盘存的时间。

- **输出**:输出包括实物产品、所需服务和/或关键结果。新的发明、更好的客户体验、强韧性、适应性、概念的融合、增强的策略等,都可以成为组织预期输出的一部分。如果输出与该组织的现有资源和管控流程关联,就能更好地实现。物品售罄的信号返回生产调度环节,从而加快补货速度;自动包装物品,向托运人发出取货信号并跟踪物流,从而加快交货速度并增强与客户的沟通。

数据是系统性能的基础。在数字时代,这一点尤为关键。使用计算机是所有数字工具的基础,我们需要数据,每个决策都需要数据的收集、测量和分析。典型的工业工程做法,是在于收集有关决策因素、成本、性能水平、输出等的数据。在实践中,取决于所感兴趣的特定内容,我们会遇到不同类型的测量尺度。下面列出适用的不同类型数据的测量尺度,对于不同的数字应用,不同的测量尺度非常重要。

(1) 定类数据尺度(Nominal Data Scale)

定类尺度是测量尺度的最低层级。它将研究对象划分为类别,这些类别兼具互斥性和穷尽性的特点。也就是说,其中这些类别互不重叠,涵盖了所观察特征的所有可能的类别。例如,在项目网络的关键路径分析时,人们将每个作业活动都分类为关键的或非关键的。再例如,性别、行业类型、岗位分类和颜色是定类尺度上的测量示例。

(2) 定序数据尺度(Ordinal Data Scale)

定序尺度与定类尺度的区别在于分类之间的顺序特征。例如,在为项目任务确定资源分配的优先级过程中,我们都知道第一级比第二级要高,但并不知道高了多少。同样,我们知道更好优于好,但我们不知道好了多少。在质量控制中,基于帕累托分布的ABC项目分类法是定序尺度测量的一个例子。

(3) 定距数据尺度(Interval Data Scale)

定距尺度与定序尺度的区别在于前者测量单位之间具有相同的区间。一个定距尺度测量的案例,项目目标的优先级等级采用0～10的尺度来表示。即使一个目标的优先级可能为零,也不意味着该目标对项目团队毫无意义。同样,考试成绩为零并不意味着学生对考试所涉及的内容一无所知。温度是采用定距尺度来测量研究对象的一个很好的例子,即使温度标尺上有一个零点,它也是一个任意的相对测量值。定距尺度的其他示例还包括智商测量和能力倾向测评等。

(4) 定比数据尺度(Ratio Data Scale)

定比尺度和定距尺度的特征相同,但具有真正的零点。例如,任务起始瞬间的时间估算值,即为定比尺度测量。按定比尺度测量的其他研究对象的示例还包括成本、时间、体积、长度、高度、重量和库存量等。在工程系统中测量的许多研究对象都采用定比尺度。

测量的另一个重要方面涉及所使用的分类法方案。大多数系统将同时具有定量和定性数据。定量数据要求我们以数字方式描述所研究对象的特性。另一方面,定性数据与不能以数字方式测量的属性相关联。在定类和定序尺度上,测量的大多数研究对象通常被归入定性数据类别,而在定距和定比尺度上,测量的研究对象通常被归入定量数据类别。工程系统控制的隐含意义是,在控制机制中定性数据可能导致偏差,因为定性数据受限于使用数据人的个人观点和解释。工程系统控制的数据应尽可能基于定量的测量。以此总结,下面列出了四种类型数据测量尺度的应用示例:

- 定类尺度(分类的属性):颜色、性别、设计类型;
- 定序尺度(顺序的属性):第一、第二、低、高、好、更好;
- 定距尺度(相对测量的属性):智商、学业成绩平均积分点数、温度;
- 定比尺度(具有零点的属性):成本、电压、收入、预算。

值得注意的是,温度包含在“相对”类别中,而不是“真正的零点”。尽管在常见的温标(即华氏度、摄氏度和开尔文)上存在零温度点,但这些点是通过实验或理论方法确定的,并非人们在计数系统中可能发现的真实点。

通信处于数字实现的核心位置。如果结构合理,数字通信将促进复杂组织体系的转型,这是一种包含直接或间接地影响组织数字化体验的服务和运营的战略。通信是数字平台成功的关键,针对所需的内容、原因、时间、地点及人员,通信提供了基础。在数字时代,新型通信模式、工具和时机具有的广泛适应性增强了通信的能力,而反过来又加速了商务的发展。时至今日,人们渴望加快速度,次日和当日交付正在变得司空见惯,而其结果是,需要快速通信来掌握当下的执行情况以及生产现场、供应链以及金融交易的最新动态。充分利用新型通信资产来实现所期望的效能水平将至关重要。

技术正在以积极的方式改变通信。但是,在数字通信的速度和覆盖范围方面可能还存在短板,因此必须采取必要的保障措施,确保通信及传达信息的完整性。当今快节奏的环境需要紧密、谨慎的通信方式。我们不能再走到另一个办公室或开会来讨论问题、概念和运行。我们不能只看到当下的环境,必须理解所处的更大系统以及我们在其中的位置,特别在数字足迹①之中。

合作与协作对于任何数字改进项目计划的成功实施都至关重要。花费更多的资金并不总能产生更好的结果。关于时间、预算和性能之间的权衡,必须应用数字工具和技术来筹划发展路径。当前的数字运营时代创造了更好的通信,将提供虚拟协作能力,减少出差参加会议所需的资源,并为人们提供更多的时间从事增值工作,从而提高了资源利用率。然而,通信速度的加快也会带来浪费以及无能的加速恶化。人们使用一些工业工程(IE)工具来改善数字系统通信的数字设计和分析,其中包括运行研究(运筹研究)、建

① 译者注:一个人的数字足迹是其在数字设备或网络上独特的一组可追踪的数字活动、动作、通信以及所做出的贡献。该术语通常适用于个人,但也可以表示公司、企业或组织的。

模和仿真、人工智能(AI)、大数据分析、数字网络资产和供应链管理。以往未能接触人工智能的公司和行业,如今在数字工具的助推下,纷纷探求人工智能发展战略。

3.4 数字协同

并非所有对AI的诉求都是技术性的或机制性的,实现AI所涉及的人因元素,就需要我们考虑AI项目管理中的软性元素。人工智能的一个自然而然的进步将充分利用战略联盟中其他组织的能力,而非在内部开发重复的能力。我们将战略联盟定义为两个或多个独立组织之间的正式联盟或"联手",从而实现共同的业务目标。联盟中的每个合作伙伴都有一些可摆在"桌面上"的资源,例如产品、供应链、分销网络、制造能力、资金、资本设施、运行知识、专有技术或知识产权等。战略伙伴关系代表着合作,而项目管理协同确保每个合作伙伴都获得超出正常独立运营的利益。

伙伴合作有利有弊,但总是利大于弊。战略合作伙伴关系的优势包括:

① 让每个合作伙伴专注于最匹配其能力的业务。

② 让合作伙伴能够相互学习,并发展在其他领域可能使用到的能力。

③ 能够促进协同作用,增加双方资源和能力的产出。

当今世界需要更高效地利用有限的资源。建立协同的合作伙伴关系,可最有效地利用这些资源。合作是任何伙伴关系中资源互动和集成的基本需求。数字通信是即时的并正在覆盖全球范围,能够向所有相关人员发送完全相同的信息,这是最佳合作的需求。在导致项目失败的因素中,对于多数项目而言,主要是由于缺乏合作和承诺。这种缺陷往往表现为一些相关人员未能得到及时的通知或得到了不同的信息。为了确保和维系伙伴的合作关系,沟通成为最为积极的方面的第一要务。这种结构化的通信可针对提案的接受度以及随后合作来奠定基础,然后再促成就其他问题的协商,如利润分配、财务、人员配备、设施使用、绩效报告以及冲突解决等。

各种不同类型的合作,介绍如下:

- **功能性合作。** 这种合作是由两个合作伙伴之间的功能关系基本特征所催生的,需要双方来执行那些只能通过相互合作才能达成相关的功能。
- **社会责任合作。** 这种合作是受两个合作伙伴之间的社会责任关系影响的,对于可能影响环境的活动尤其常见。社会责任关系激发了合作,由此将利于企业伙伴关系的运行。
- **监管合作。** 这种合作通常基于监管需求,往往是一些法律机构和社会期望所强加的。在这种情况下,合作参与者可能除了合作而别无选择。
- **行业合作。** 这种合作是由遵循行业标准以及建立共识的需要所推动的,目的在于推进合作伙伴所处的整个行业的发展。例如,在早期的手机行业,美国蜂窝通信行业协会(CTIA)建立了市场联盟,批驳早期人们对于使用手机影响健康的担忧。该组织在大学赞助了若干的研究,证明手机应用是安全的。如果不是这一市场合作,一项伟大的事业是不可能得到发展的。然而,必须注意的是,确保这样的合作不会演变为非法的市场勾结。
- **市场合作。** 为让市场中的每个参与者都可以健康发展,整个市场必须充满活力。因此,市场合作涉及市场的多个参与者,目的在于增加市场的生命力。市场合作通常发生在不断变化的市场中,虽然与行业合作类似,但市场合作主要集中在特定的市场领域。例如,各地区建立的本地市场协会来保护某些食品,确保只有该地区才能生产这些食品。这些协会在地理或原产地或制造过程中进行合作,确保当地市场免受更广泛的食品工业的影响。

- **行政合作。**这种合作是由行政需求所带来的，使两个合作伙伴必须一同努力而实现共同的目标，例如市场增长。事实上，市场合作和行政合作可跨组织共存。行政合作的一个很好的例子，就如同一行业的两个专业协会间举行的月度例行会议。作者曾参加过国际工业与系统工程师学会（IISE）和美国质量学会（ASQ）共同主持的会议。
- **协会合作。**这种合作可能是由共同治理所引发的，合作水平由合作伙伴之间所在的当前的协会所决定。行业协会经常采用这种合作方法。
- **邻近合作。**这种合作可视为"硅谷导向"，即位于同一地理环境中的组织形成合作联盟，追求共同的市场利益。在理想情况下，地理上的邻近应使合作伙伴能够共同工作。在理想的期望尚未实现的情况下，必须做出明确的努力来鼓励合作。
- **依赖性合作。**这种合作由双方存在的依赖关系所产生，在运营和业务生存的某些重要方面，一个合作伙伴依赖另一个。这种依赖性通常是相互的双向结构。每个合作伙伴都在某一些方面依赖于另一个合作伙伴。
- **强加的合作。**这种合作伙伴之间的合作是由外部力量的诱导来促成的。在具有法律约束力的需求中，情景通常也是如此。
- **自然的合作。**这适用于双方无法摆脱合作的情景，自然生存需求通常决定了这种类型的合作。
- **横向合作。**这种合作涉及市场中对等和共同发展的同行，横向合作之所以能够实现，往往是因为横向关系创造了一种有利于相互交流信息和业务实践的环境。一个例子是美国汽车业三巨头最近进行的财政援助行动。
- **纵向合作。**纵向或层级合作是指合作伙伴在经营中涉及市场的等级结构,例如,子公司应与其垂直母公司合作。

无论在哪种情景下具有或需要哪种合作,都应在合作合力的引导下,以最有效的方式实现共同的目标。所需合作的文档应清晰地表明其中的角色、责任和界限,并赢得进一步的支持和维系共同的追求目标。阐明组织的优先事项将会促进人员之间的合作。此外,应具体定义多个合作伙伴的相对优先级,合作伙伴的某项高优先级的投入,对于其他所有合作伙伴也都具有高优先级。

3.5 人工智能(AI)中的精益和六西格玛

精益或持续的流程改进是一项需要不断进行的系统性工作,旨在改善日常运行,保持产出效率和运营效能。例如,21 世纪空军敏捷作战(Air Force Smart Operations for the 21st Century,AFSO21)是通过应用各种工具和方法的集成流程,其提升了作战能力并减少了资源消耗,从而提升了整个美国空军的协调作战的能力。效率、服务质量、流程增强、灵活性、适应性、工作设计、调度优化以及成本控制都列入了 AFSO21 的考虑范畴。提高作战效率的最佳方式是循序渐进和连续一致性地缩小差距,而非追求巨大的提升。剧烈或突如其来的改进往往会阻碍流程优化的目标。

精益是一种行事之道,也是一种将整个组织聚焦在识别和消除运行(军事作战)的浪费源头的文化。相比之下,六西格玛方法使用精益工具的子集,通过减少可变性(一种浪费)来识别和消除缺陷的来源。当精益思想和六西格玛方法相结合时,组织能够减少运行中的浪费和缺陷。因此,组织可以达成更高的性能、更好的员工士气、更满意的组成部分以及有限资源的更加有效的利用。

精益思想的基本原理是仔细探究流程元素的组合，消除非增值的元素或浪费。精益思想和六西格玛方法使用分析和统计技术作为追求改进目标的基础。但是，这些目标的实现取决于建立一个结构化的方法，开展所需的相关活动。如果在一开始就采纳工业工程的方法，它将为实现六西格玛成果铺平道路，并使实现精益成果成为可能。任何运行管理工作的关键都是制定一个结构化的计划，以便可以采取诊断和纠正措施。

如果纵容低效率活动在运行中蔓延，那么将需要更多的时间、精力和成本来实施精益六西格玛的清理工作。从军事角度来审视这一概念，六西格玛方法意味着在长期运行中将命令和控制流程带来的错误降至最低。同样，精益思想确保只执行那些增值的命令和控制活动。这意味着消除浪费，这让人想起了官僚体制中所谓的帕金森定律，该定律指出“业务不断扩展，填充了所有可用的时间”，因此进行了一些不必要的活动。军事领导人必须确保职能不应该、不必要地扩张，从而只是在消耗可用的时间和资源。精干而有效的功能比造成适得其反结果的冗长功能要好。值得一提的是，流行的墨菲定律（Murphy's Law）指出，“凡是可能出错的，都将会出错”，这对过度依赖数字运行也提出了警告。正如我们通常在新型冠状病毒肺炎疫情所造成的虚拟环境中经历的那样，在数字虚拟环境中，任何可能出错的事情都将会出错。对于数字系统框架来说，谨慎的规划、预防和应急措施可以帮助预防运行的故障。以下是在运行环境中常常会遇到的规则、定律和原理的总结：

- **帕金森定律**：工作不断扩展，填充了可用的时间或空间。
- **彼得原理**：人们终将晋升到他们不胜任的职位。
- **墨菲定律**：凡是可能出错的，都将会出错。
- **巴迪鲁规则**：草总是在你最需要它消失的地方变得更绿。

人工智能(AI)实现中的人在回路

人类必须保持在AI的回路中。基于第1章中所述的案例,大多数自动化系统仍然需要人的直觉。在设计AI系统时,必须考虑AI回路中人的属性和能力。当自动化管理系统出现故障或性能降级时,人与人之间的沟通可以提供有效的备份或恢复保障。人工的任务可以补充机器的任务。分配任务意味着要兼顾任务需求的各个不同方面。我们经常会忽略这一方面,对于沟通的复杂性,将人员分配到这样不增值的任务中。对任何组织而言,增加多人和分层沟通的需求,通常是最难以发现的浪费,因为它不仅阻碍了组织的整体表现,而且还降低了关键资源的利用效率。针对人员沟通、合作和协调开展结构化的审查,能够确定在哪些方面可以提高资源的利用率。通常,空军内部的任务分配需求,与当前的约束并不能保持同步。这些问题的解决需要综合的沟通、合作和协调,需要通过基于系统的方法来实现。在人员和资源分配时,应始终坚持战略性地应对这些基本的问题:what、who、why、how、where、when。它强调了必须做什么以及何时做,其对应着以下的问题:

- 每个参与者都知晓目标是什么吗?
- 每个参与者是否都知晓他或她在实现目标中的角色?
- 哪些障碍可能阻碍参与者有效地发挥他或她的角色?

沟通复杂性随着决策点数量的增加而增加。希望广泛的沟通是一回事,但当涉及更多决策点时,将会产生复杂性是另一回事。例如,军事结构通常涉及多层的决策流程,虽然指挥链中更多地嵌入了审查和平衡环节,但由于创建额外的决策层级而阻碍了整体系统的效率。数字时代的多样性、易用性和灵活性可能会诱惑我们陷入复杂的沟通通道,影响运行的复杂性,以至于价值消失而不是提高性能。随着涉及的决策层级的增加,运行的复杂性也随之增加。

3.6 总　结

工作环境的设计必须促进协同，支持复杂组织体系转型项目。团队协同受到邻近关系、职能关系、专业组织、社会关系、公务职能、法定权利、等级关系、同僚交往以及胁迫与诱惑等的影响。因此，可以通过组建团队、授权、移情监督①、伙伴关系、令牌传递和严密的指挥权交接来实现协调运行。这些面向系统的流程可应用于数字复杂组织体系的转型。沟通复杂性可能会阻碍组织的整体表现。与计算科学相比，当问题的输入分布在双方或多方之间时，沟通复杂性研究如何解决所需通信量的问题。沟通复杂性可以近似认为是组群中可能发生的潜在同时对话的数量。以下的一些因素可能影响沟通的复杂性：

- 人际冲突；
- 办公室权术；
- 领导力风格；
- 沟通工具；
- 通信内容的简洁程度；
- 模拟通信与数字通信；
- 沟通内容的可追溯性；
- 消息框架和背景。

使用数字通信工具有助于减少复杂性、冲突、权术，从而增强领导力和

① 译者注：移情监督（empathic supervision）旨在通过心理策略来减少出现群体指责。群体指责是指人们会因为某个群体的个别成员的行为而责怪该群体的所有成员。如在犯罪的缓刑或假释中的同情观点，可能会降低再犯的可能性。

加快通信速度。选择正确的工具并制定工具的使用方式是成功通信的关键所在。在这方面,应该接纳对5G新兴技术的关注。第五代移动技术(5G)大大超越4G技术,为物联网(IoT)、AI、大数据等新兴技术提供了平台,从而改善我们的生活、工作方式并引导我们追求更好的系统性能。

参考文献

[1] Badiru,A. B. (2014a),"Quality insights: The DEJI model for quality design,evaluation,justification,and integration," International Journal of Quality Engineering and Technology,Vol. 4,No. 4,pp. 369-378.

[2] Badiru,A. B. (2019),Systems Engineering Models: Theory,Methods, and Applications, Taylor & Francis Group/CRC Press, Boca Raton,FL.

[3] Badiru,A. B.,editor (2014b),Handbook of Industrial & Systems Engineering,Second Edition,Taylor & Francis Group/CRC Press, Boca Raton,FL.

第 4 章
人工智能中的神经网络应用

4.1 介　绍

我们将神经网络当作人工智能系统中仿真智能或模拟智能(simulated intelligence)的基础之一。本章对神经网络进行叙述性概述,本书定位于聚焦突出特征,因篇幅所限,本章并未涉及神经网络典型的复杂数学表示和原理图解。对神经网络的数学理论和图解感兴趣的读者可参考本章提供的参考文献。

神经网络的整体基础在于训练由电气连接的网络,模仿人脑神经元的智能连接方式,从而将获得的知识用于相似的决策问题场景之中。在术语定义中,我们将神经网络定义为一种由人工神经元或节点组成的神经元网络或电路,亦或是人工神经网络。神经网络可以是由真实生物神经元组成的生物神经网络,也可以是用于解决人工智能问题的人工神经网络。将生物神经元的连接以权重方式来实现建模,权重值为正表示激发性的连接,而权重值为负则表示抑制性的连接。所有输入都由各自对应的权重值来调节并共同求和,这种运算称为线性组合,而激活函数则用来控制输出的幅值。可接受的输出范围通常在 0 和 1 之间,也可以是 −1 和 1 之间。图 4.1 显示了一个简单的前馈神经网络的基本布局。随着问题场景中加入的输入节点和权重的增多,这个网络也将变得更加复杂。

众多的复杂系统都是由简单的基础元素所构建的。由于简单元素的取值仅限于两个值:0 和 1,因而布尔代数的应用应运而生。这些元素通过

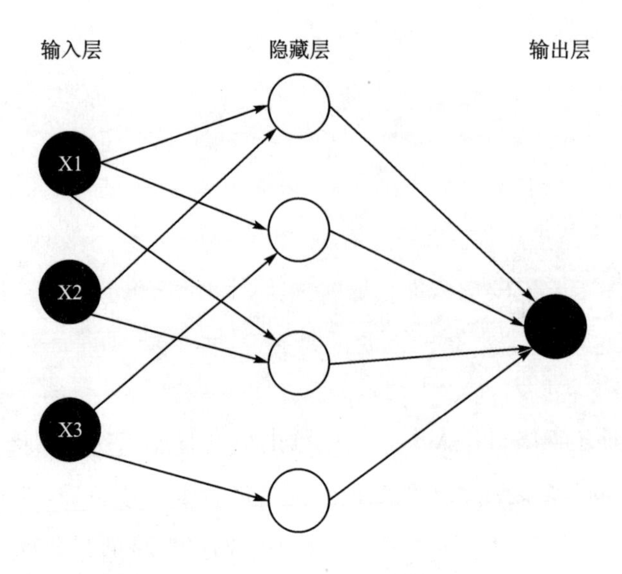

图 4.1　简单前馈神经网络的基本布局

AND、OR 和 NOT 这三个基本运算来组合，通过这些简单的元素及其运算可构建出复杂的组合电路和时序电路，并最终在当今的计算机应用中达到巅峰。数学家们也在长期研究集合论，这一理论的扩展，认为一个集合的组成可能不仅限于 0 和 1 的值，布尔运算 AND、OR 和 NOT 对应集合论而扩展到 UNION(和集)、INTERSECTION(交集)和 COMPLEMENT(补集)。最近，Zadeh 引入了模糊逻辑的概念。在模糊逻辑中，元素的隶属关系在集合中并非是“全无“或“全部”二元的，而是介于“全无”和“全部”之间以可能的程度来表示。

在信号处理领域，许多建模方法均基于简单的线性模型——线性组合器，其中输出是输入加权的线性组合。许多研究都致力于寻找用以估算线性模型参数的最佳技术。长期以来，人们使用统计技术来开发线性回归，它也是线性组合器的一种形式。近几十年来，线性模型的确定性信号处理技术得以长足发展，自适应信号处理技术提供了一种由迭代而获取模型参数的方法，从而简化了许多计算密集型方法的应用。

神经网络的最初研究动机，源于人们期望机器能够执行只有人脑才能完成的复杂且智能任务的愿望。人们普遍认为，虽然神经细胞的反应时间在毫秒级，但人脑中数以十亿神经细胞的集体智慧却令人惊叹。人类大脑能够回忆起几十年前的图像和发生的事件，还能够从见过的数百万张面孔和图像中识别出某一张面孔。然而，解剖学研究表明，从表面上看，单个脑细胞的“运作”是极其有限的。见证这些简单神经细胞的联合整体所达成现代技术的奇迹，这的确引人入胜。因此，近几十年来，研究人员对于生物神经网络的研究充满了极大的兴趣，并试图以简单的人工神经元构建人工神经网络，期望这些神经元同样可以达到仅 2.5 lb(1 lb=0.453 6 kg)重量的普通人脑所能达到的水平。

4.2　神经元节点的定义

生物神经细胞由细胞体组成，大量被称为树突的树状分支负责收集到达细胞体的感官输入，树突通过突触与其他神经细胞“接触”。当神经细胞进入活动状态时，它会触发，也就是产生电脉冲，并将其沿着被称为轴突的通道传递。当电脉冲通过突触时，会诱发许多化学反应，从而导致树突释放和收集特定的化学物质。当接收神经细胞的树突收集了足够多的感官输入时，它会反过来也产生电脉冲。通过突触的轴突上电脉冲激发的效能，是由大量的参数来决定的，例如离子的可用性和细胞体的总体健康状况等。

在典型的神经元节点图中，一组输入以及每个输入具有的自身关联权重，馈送到一个神经函数中，就像一个运算过程而生成输出。而函数代表着一种数学运算，它将带有加权的输入转换为协调的输出。人工神经元或神经元节点是模仿生物模型的简单处理元素。神经元节点是由多个输入和单个输出组成的，而生物神经元的每个突触代表神经元节点的输入。该神经元节点用相关输入与权重值相乘来表示突触连接的效能，突触激励同时并存，由简单的求和来建模，由输入的加权求和定义了神经元节点的激活状态。在公式中，神经元节点的输出 o 可表示为函数输出，其中 x_i 是输入，w_i 是与输入所分别关联的权重，f 是非线性函数，总共 N 个输入。相同的公式也可以用矩阵形式来表示。一般而言，神经网络的常数阈值定义为 x_0，权重值设置为1。

数学定义就可凸显神经元节点和线性组合器的相似性。事实上，净参数就是一个线性组合器的加权求和。神经元节点和线性组合器之间的主要区别在于，对于神经元节点来说，在线性组合器后还有进一步的非线性转换函数 f。在大多数情况下，将这一转换或激活函数选为非线性函数。在极端情况下，当将激活函数选为线性的，更具体地说是线性斜坡函数时，则神经元节点与线性组合器相同。因此，换言之，神经元节点不仅仅只是一个线性组合器。

4.3 神经元节点的变体

神经元节点有许多变体，大多数变体源于输入范围 x 的不同定义以及激活函数 f 的选择。神经元节点的权重通常以实数来表示，如果由于使用阈值函数，激活函数仅生成离散值，则输出也是离散的，而大多数的其他激活函数将产生连续的输出。尽管大多数时候，将激活函数默认为非线性函数，但激活函数也可以是一个简单的线性函数。下面列出了一些常用的激活函数：

(1) 离散输出

1) 单极输出

- 阈值函数(或硬限幅函数、赫维赛德(Heaviside)函数);
- 随机函数。

2) 双极输出

- 符号函数 Sign(net);
- 随机函数。

(2) 连续输出

1) 单极输出

- 线性函数;
- 分段函数;
- Sigmoid 函数。

2) 双极输出

- 符号函数(Signum);
- 线性函数;
- 分段函数;
- 双曲正切函数。

使用不同的激活函数会产生不同的结果。虽然有研究论文称存在具有特殊特征的特殊激活函数,例如周期性激活函数,但大多数激活函数都是单调递增的。双曲正切函数特别令人感兴趣,因为可以使用 λ 参数的不同值来调整曲线的陡度。当 λ 增加时,曲线变得陡峭。但值得注意的是,当 λ 接近无穷大时,双曲正切函数又接近符号函数。对 Sigmoid 函数观察的结果也是一样。当 Sigmoid 函数的 λ 参数接近无穷大时,Sigmoid 函数接近硬限幅函数。

4.4 单神经元节点:McCulloch - Pitt 神经元节点

关于神经元节点行为的早期研究之一就是 McCulloch - Pitts 神经元节点(见本章参考文献[1])。输入是离散值 $x \in \{0,1\}$,输出也是离散值为 $o \in \{0,1\}$,激活函数是一个简单的阈值函数。

McCulloch - Pitts 神经元节点具有很广泛的用途。值得注意的一个观察是,可将一个或多个神经元节点作为简单的布尔元素:一个 AND(和)、OR(或)、NOT(非)门。例如,如果 McCulloch - Pitts 神经元节点接受单个输入,令权重 $W=[-1.001,1]$,则神经元节点充当了一个 NOT 门。然而,给定一个双输入 McCulloch - Pitts 神经元节点,如 $W=[0.001,1,1]$,则该神经元节点充当 OR 门。如 $W=[1,1,1]$,则神经元节点充当 AND 门。这意味着所有由 AND、OR 和 NOT 分量的组合电路都可直接由 McCulloch - Pitts 神经元节点取代,从而成为神经网络。

使用 McCulloch - Pitts 神经元节点的基本原则,可以构建更复杂和有用的结构。例如,可通过连接 McCulloch - Pitts 神经元节点来使用逐次比较法,进而实现一个模/数转换器。单个输入 x 是介于 0 和 1 之间的连续参数。输出 $o_1 \sim o_4$ 表示 4 个二进制位。每个二进制位都是由单个 McCulloch - Pitts 神经元节点所产生的。第一个神经元节点与动态范围的一半值进行比较,并报告输入 x 是高于还是低于中间标记,从而决定最重要的这一位。如果该位为 1,则从输入中减去动态范围一半的值,否则输入将保持不变。同时,以此类推继续与下一个有效位进行比较,直到达到所需的求解。

4.5 单神经元节点作为二元分类器

通过将输入分为两类，从而将 McCulloch - Pitts 神经元节点当作二元分类器，这是通过考察或求解输出方程来实现的。假设神经元节点有两个输入：x_1 和 x_2。

显然，输出将整个输入空间分成两个类，分别由 $o=1$ 和 $o=0$ 表示。判定边界是将输入空间分为两类的超线（hyperline）。

超线一侧的输入空间属于一类，另一侧的输入空间属于另一类。因此，单个神经元节点就成为了一个二元分类器。

给定两个原始数据聚类，研究的意义在于确定二元分类器的参数，即确定 $W=[w_0,w_1,w_2]$。如果聚类的位置是已知的，则可以使用平分线的形式来确定直线的方程，从而直接确定超线，其中 a 和 b 是聚类的位置，‖.‖则表示闭合向量的欧几里得范数。使用最小距离原理可以得出相同的方法，因此也称上述公式为最小距离分类器。但如果两个聚类的位置未知，并且只给出了原始数据点，则可以通过迭代技术来确定神经元节点的权重。

通用二元分类器的一个特例是贝叶斯分类器，它的判定边界是根据最大似然函数来推导的。假设这两类中的元素具有不同均值的高斯分布（μ_1 和 μ_2），则设 $\boldsymbol{C}$ 为组合分布的协方差矩阵。

4.6 单个的神经元节点感知器

通常，神经元节点具有任选的激活函数，可以先来确定相关的权重值，而这一过程会不断迭代。在一些文献中，神经元节点也被称为感知器，可训练单个离散的感知器以响应特定输入，进而产生所需的特定输出。若目标是确定权重 W，使预测的输出 o 与所期望的输出 d 相同，则可通过最小化总体预测误差的迭代来解决这一问题。

同样的过程也可应用于连续的感知器，即输出为实数的感知器。这个问题可以重新表述为：给定一个输入-输出对的集合，目标是确定权重 W，使预测的输出 o 与所期望的输出 d 相同。该问题可通过最小化总体预测误差来迭代解决。f'(净输入值)因子是激活函数的导数，这里需要注意的是，因为神经元节点输出和激活函数之间的关系，自适应方程是包括这个附加项的。因此，可以对所有输入数据点重复地应用自适应公式，直到误差低于可接受的阈值。

单层前馈网络：多类别单层感知器(SLP)

单个神经元节点或感知器只能用作二分器，将输入空间分为两类。因此，当存在两个以上的分类时，就需要一个以上的感知器，这时我们称为多类别单层感知器(SLP)或简称为 SLP。将多个感知器组合在一起会形成一个单层前馈网络。由于每个感知器的输出都独立于其他感知器，因此单个离散或连续的感知器的训练程序可轻易地扩展到单层前馈场景中。

4.7 关联存储器[①]

从更广泛的角度来审视,SLP 提供了从多维输入到多维输出的转变。换言之,SLP 提供从输入到输出的映射,使得 $f: \mathscr{R}^N \rightarrow \mathscr{R}^M$,其中 N 是输入维度,M 是输出维度,这通常被称为关联存储器。

将激活函数作为斜坡函数时,即 $f(z)=z$ 时,将产生所谓的线性关联器。该情况下,输出只是 $\boldsymbol{O}=\boldsymbol{W}^{\mathrm{T}}\boldsymbol{X}$,即输出是输入的线性组合。线性关联器通常用于将输入空间映射到输出空间。给定一个输入-输出对集合,其中 K 是输入-输出对的数量,$\boldsymbol{X}_i$ 表示给定输入向量的第 i 对,$\boldsymbol{D}_i$ 表示相应的输出向量,问题是如何确定权重矩阵,使得线性关联器的输出与期望的输出相同。

4.8 关联矩阵存储器

Hebb(赫布)学习(也称为关联矩阵存储器)是一种基于经典条件反射原理而确定线性关联器权重的方法,由 Hebb 提出而得名。在经典条件反射中,无条件的刺激(食物)在系统(动物)中引起了无条件的反应(流涎)。条件刺激(铃声)最初不会引起特定的响应,而通过将无条件刺激和条件刺激相结合,在系统中产生关联,从而在一段时间后,条件刺激也引发类似于无

① 译者注:关联存储器作为一个存储单元,其保存的信息可通过信息本身内容而不是地址或存储位置来识别和访问。关联存储器也称为内容可寻址存储器(CAM)。

条件响应的条件响应。Hebb 假设无条件响应(神经元输出)导致与输入(无条件刺激、AND 条件刺激的同时出现)形成关联(增加了权重值)。换言之,神经元节点激发的输出增强了相应激发输出的相关权重值。从数学意义来讲,这一关联可以是输入和输出向量的外积。关联矩阵方法易用,但完美关联的要求是输入向量必须正交。

另一种看待问题的方法,从数值分析的角度出发,所有提供的输入-输出对都可以作为一个线性的方程组。由上述矩阵方程表示的 $K \times M$ 方程,权重值矩阵中有 $N \times M$ 个未知数,只要 $K > N$,我们就有了一个超定线性方程组。在大多数情况下,给定模式的数量通常远大于输入向量的维度,应用最小均方(LMS)法会产生以上方程的伪逆解。因此,称其为伪逆法。对于该方法,将 $\boldsymbol{X}$ 定义为输入矩阵,将 $\boldsymbol{D}$ 定义为所需的输出矩阵。当 $\boldsymbol{X}$ 和 $\boldsymbol{D}$ 采用矩阵形式时,包含所有给定数据。

伪逆法也是一个单步的训练过程,虽然该方法旨在寻求最小化的总均方误差,但它并不支持导出的权重矩阵的微调。

4.9 Widrow - Hoff 法

伪逆方法基于均方差原理,而另一种方法基于最小预期误差原理,通常称为 Widrow - Hoff 方程。

因一步即可得到权重矩阵,所以这种方法颇具吸引力,类似于迄今为止所讨论的其他一些方法。从统计学上讲,由此获得的权重矩阵是最优的。

4.10 LMS 法

Widrow 和 Hoff 的 LMS 算法是世界上使用最广泛的自适应算法，作为信号处理、控制系统、模式识别和人工神经网络领域的基础，而这些又是不同的学习范式。

当输入和输出向量的维数变大时，权重矩阵的维数也会相应地变大。由于矩阵的求逆运算，应用 Widrow - Hoff 法变得不切实际，因此 Widrow 还开发了一种迭代算法，使用最速下降原理来自适应地确定权重矩阵。该算法不使用预期误差，而是使用瞬时误差。

LMS 算法具有一定的吸引力，因为它易于实现并且是迭代的。在一些神经网络文献中，这种算法也被称为 Delta 法则。

4.11 自适应关联矩阵存储器

上文已证明关联矩阵存储器方法是一种单步训练、单步检索的方法，因此不支持微调。但对此方法进行调整，以便自适应地获得权重值，这一新方法称为自适应关联矩阵法。初始权重值在开始时设置为零，输入样本点不断出现，从而依据预测的输出而自适应地选定权重的最佳值。这样的自适应调整可根据 Hebb 学习原理对算法进行微调并获得权重的最佳值。

4.12 纠错伪逆法

同样的调整权重值方法也可应用于伪逆法。上文已证明关联矩阵存储器是一种单步训练和单步检索的方法，因此不支持微调。此方法得到进一步的改进，通过在最后添加自适应阶段，从而允许微调。这一新方法称为纠错（或迭代）关联矩阵法，根据关联矩阵法确定初始的权重值，通过迭代纠正参数进一步完善了权重矩阵，为了预测可更接近期望的值，纠错伪逆矩阵法允许用户微调权重值。

4.13 自组织网络

在许多实际应用中，具有很大的输入空间维度的情况并不罕见。某些参数可能很重要，而其他的可能并非如此重要。因此，确定哪些参数在输入-输出关系中相比其他参数发挥更重要的作用，这始终是有意义的。进一步的研究点在于是否可以由更少量的参数对给定点建模。换言之，原始空间称为数据空间，并且可能是由所有输入参数组成的高维空间。我们希望找到一个映射，它将样本点从数据空间转换为特征空间。特征空间包含少量参数，但仍包含数据空间中最初包含的所有基本特征，我们称之为数据缩减（data reduction）。

我们可将分类当作数据缩减。数据空间中的原始样本点映射到特征空间中，不同的数据类构成了特征空间。无论输入维度如何，特征空间都只是输入空间的类。输入空间也被分为不同的区域,其中每个区域表示一个类。将数据点指定为特定的类就意味着该数据点具有该类相关的所有固有特性,如使用类的质心来表示,而与质心的偏差视为随机扰动,并不予以特别的考虑。

我们认为建模也可作为数据缩减。给定一组样本点,原始数据空间将转换为与基础模型关联的一组参数,模型的参数总体表征了基础模型的动态特征。这种方法通称为参数化,因其基于指定的函数形式,给定样本点由模型参数的特定值来建模,换言之,特征空间就是参数的集合。参数化建模已广泛应用于各种场景,但需要注意的是,指定的函数形式需充分地描述基础模型特征。例如,我们可使用一条直线来拟合二次函数的数据。同样,相同的数据也可以拟合为一个三次函数。通常来说,基础模型是未知的,确定最佳模型本身就是一项独立和重要的工作。

比参数化建模更通用的方法是非参数建模。在后一种情况下,没有对函数形式做出任何假设,非参数建模的一个示例是主成分法。

4.14 主成分法

给定一组输入样本点 $x_i \in \mathscr{R}^N$,其思路是找到更小一组可用于共同描述大多数样本点的标本,许多数值方法都是基于此目的。在此,我们使用特征值/特征向量进行分析。分解过程已经过广泛研究,并可在许多数值分析文献中找到。

人们将矩阵的对角线元素称为特征值。特征向量是单位向量,用于识别非参数格式中输入数据的基本特征。因此,特征向量也称为基向量。

在上面的公式中,特征向量构成了特征空间的基础,特征值表明了各个特征向量所贡献的权重。由于特征向量是单位向量，因此它们的贡献被完全归一化。但特征向量的相对重要性由相应的特征值来表示。特征值越大，相关的特征向量对于解释输入数据产生变化的贡献就越大。另一方面，如果特征值很小，则相应的特征向量最有可能用于输入数据随机扰动的建模。

数据缩减的实现在于重构输入数据矩阵时并不需要所有的特征向量，仅需使用具有较大特征值的重要特征向量即可。重要特征值及其关联的特征向量称为主成分。由于每个特征向量都与所有其他特征向量正交，主成分也是彼此独立的。因此，主成分法表明了基础模型动力学中所存在的独立过程的程度。

4.15　通过 Hebb 学习进行聚类

假设给定了一组输入样本点。请注意，此时未给出或不需要任何输出值。而关注的是定义一个能够充分描述输入数据空间的模型。这实质上就是聚类问题。如果不明确指出哪个样本点属于哪一类，那么当下的问题是找出聚类的数量和该聚类的相应质心。

在线性关联器的研究中，自适应 Hebb 学习方法被认为是采用迭代方式确定权重值的有效方法。在此，需考虑一个具有输入向量 x_t、标量输出 y 和时间索引 t 的单个神经元节点。对于单个神经元节点的自适应关联矩阵存储器法，在时间索引 t 处重复权重向量 W_t 的更新方程。可以推断，相同的过程可用于聚类的形成。通过将所期望的输出替换为实际的神经元节点输出。从初始的随机权重开始，更新方程以迭代的方式强制执行那些生成输出的权重。

上述更新方程的一个主要问题是,权重值可以不受束缚控制。呈现的输入模式越多,权重中的外积增加就越多。因此,这种方法尚未得到广泛使用。

4.16　Oja 归一化聚类

为了抑制权重的无限增长,Oja(参考本章参考文献[1])提出在每次权重更新后对权重进行归一化。换言之,每个权重的相对重要性在所有权重中重新分配。求和项给出了所有权重的幂(平方值)。因此,权重由总权重幂的平方根进行归一化,其实质上就为权重值设置了边界。

Oja 归一化的一阶近似值是通过替换平方根的第一阶级数表达式的平方根运算得出的。在上述方程中,有一个正反馈来增加自放大的权重。然而,与此同时,也有一个负反馈来控制权重的增长。

上面提到的 Oja 法,对权重更新方程的扩展引发一些非常有趣的特征。取方程两边的期望值,当更新为零时也将达到收敛。当达到收敛条件时,可证明权重收敛到数据关联矩阵的最大特征向量。另一个特征向量可以通过 Hotelling 收缩获得。删除最重要的特征向量的贡献,可以形成一个新的数据集,以便再一次应用相同的方法,从而使算法随后收敛到下一个最大的特征向量。如果第一个神经元节点已经收敛到最大的特征向量,那么基于 Hotelling 收缩原理,可以消除该特征向量的影响来形成一个新的数据集。

Oja 的扩展表明,两层网络仅通过对输入模式本身的表示,就可用于自动将输入数据空间分类为不同的聚类,这是通过在输出层添加横向连接来实现的。此外,为使算法更有效运作,应抑制第二层和后续神经元节点的收敛,直到第一个神经元节点收敛。然后再允许第二层神经元节点的权重收敛,并且同样按顺序依次使后续的神经元节点收敛。

4.17 竞争学习网络

竞争学习网络的架构类似于 SLP,在输出层中神经元节点之间没有显性的连接。然而,在权重更新过程中,必须一同考虑输出层上所有神经元节点的输出。

竞争性学习网络的运行与 SLP 本质上相同,但有一个重要的区别:并非所有权重都可以更新。当一个模式网络呈现出来时,所有输出的神经元节点都会检查和处理输入模式。每个输出神经元节点都会生成一个输出。然后比较所有神经元节点输出,并根据最大的神经元节点输出选择获胜者。随后获胜的神经元节点可更新其权重,其他所有神经元节点的权重保持不变。因此,这被称为赢家通吃的策略。只有获胜的神经元节点才有更新的特权。竞争学习网络也被称为 Kohonen 网络。

更新方程将导致获胜的神经元节点的权重越来越像输入模式。如果神经元节点选择了多个样本点,则神经元节点的权重倾向于落在样本点的质心上。也就是说,竞争网络的权重将产生聚类的质心位置。每个活动的神经元节点都刻画了一个聚类,并用于表示相关聚类的位置。

总之,对于如主成分分析(PCA)网络或竞争学习网络这样的自组织网络,其是具有特殊训练过程的 SLP。由于涉及的特殊过程,已证明这些网络在自动发现数据空间中的聚类方面大有用途。

4.18　多层前馈网络

4.18.1　多层感知器

虽然单层前馈网络能够将多维输入空间映射到多维输出空间，但每个输出基本上彼此独立。多层感知器（Multiple - Layer Perceptron，MLP）是通过将多层叠加在一起而形成的。MLP 极具吸引力，因其额外的层允许对某一层的结果再进一步地处理、排列和组合，从而形成一个复杂的系统。

回想一下，单个神经元节点基本上在输入空间中创建了一条超线。因此，SLP 等同于置于同一输入空间中的一组超线同时运行，每条超线对应相应的输出神经元节点。为了将不同的超线关联在一起，创建多个相交区域，就需要额外的层。第一层创建一组超线，第二层将超线连接在一起以形成连续的超区域。由于超线可为任意数量，因此能够以分段方式逼近任何超区域的形状。

虽然需要两层才能将单独的超线连接起来形成一个超区域，但还需要另一层将多个不同的超区域连接起来形成单独的类。第三层允许将分布在输入空间任何位置的多个超区域关联起来。因此，人们普遍认为三层前馈神经网络能够实现任何功能。

4.18.2　异或（XOR）的示例

例如，假设有一个用于异或（XOR）函数的两层网络，异或函数拥有两个输入(x 和 y)以及一个输出。输入和输出是离散的，取值为 0 和 1。当输入不同时，输出为 1。当输入相同时，输出为 0。异或函数可以采用在第一层中的两个 McCulloch - Pitts 神经元节点和输出中的单个 McCulloch - Pitts 神经元节点来实现。之所以有两个输入神经元节点，是因为有两个输入。在第二层中，有单个输出神经元节点就足够了，因为只有一个输出变量。第一层中的两个神经元节点中的每一个都在输入空间中生成一条线。请注意，第一个神经元节点的正决策区域位于线的左侧，而第二个神经元节点的正决策区域位于线的右侧。因此，＜x,y＞的输入等于＜0,0＞和＜1,1＞留在同一区域，从而得到相同的输出结果。

4.18.3 误差反向传播

虽然 MLP 有可能逼近任何函数，但只有当存在一种方法来确定接近所需函数的权重时，才能实际使用该网络。在给定一组输入-输出对的情况下，如果能够直接从给定数据中确定权重，就再好不过了。此问题已由广义增量规则解决。该规则大大增强了神经网络的使用，文献中已经报道了许多有关成功应用广义增量规则来解决许多实际问题的应用。

训练多层前馈神经网络的基本思路是每个权重的增量规则的广义化。增量规则要求相对于权重来计算误差的导数。这可以通过重复应用链式法则来实现。在某些文献中，广义增量规则也称为误差反向传播方法。

给定一组输入-输出对＜X,D＞以及多层的神经网络。当下的问题是找到每层神经元节点的权重。前面已为 SLP 提供了增量规则。同样的概念可以扩展到多个层。首先，考虑输出层。由于每个输出神经元节点都相互独立，因此输出层中每个神经元节点的自适应性是相同的。更新方程是通过反复将链式法则应用于成本函数而获得的。请注意，更新公式适用于任意激活函数。激活函数的影响由偏导数中的 $f'(\mathrm{net})$ 项解释。

对于隐藏层中的神经元节点，不直接给定其输出。但是，通过使用链式法则，仍然可以推断出“期望的”输出，又是从输出层的平方差开始。总之，广义增量规则可以扩展到 MLP 的任意的层数。激活函数可用于任何层中的任何神经元节点中。同样，连接模式也可以是任意的。换言之，提出的网络形式可以用于调整网络，并可特别地允许或不允许其中的连接。此外，在连接模式中还可以有固定的权重，那些固定的权重根本不再更新。那些不应存在的连接仅采用为零的权重值。在各种约束下，广义增量规则能够与神经网络的任意架构一同来工作。由于这种灵活性，广义增量规则通常适用于多种神经网络的应用。

4.18.4　误差反向传播算法的变体

由于其重要性和广泛的接受度，广义增量规则一直是值得深入研究的主题。文献中报道的基本广义增量规则有许多变体，下面略举几例。

其中一种变体应对于误差的定义，原始定义称为单模式误差。

在这种方法中，将误差定义为每个输入模式的误差，并在每个输入模式呈现之后更新权重矩阵。此定义简单易懂，但往往是计算密集型的，因为在每次连续呈现输入模式之后，必须更新所有权重。由于所呈现模式的顺序，已经观察到有时某些权重的值会来回振荡。某些模式倾向于使权重向某一侧移动，而另一种模式则正好相反。

振荡行为的部分原因是输入模式的顺序，有一种方法是输入模式顺序随机化。将 epoch 定义为一次显现所有输入模式的完整周期。随机方法将指示在每个 epoch 中呈现模式的顺序是随机的。这种方法倾向于最小化振荡行为，从而在许多情况下加快收敛的速率。但是，这种方法仍然是计算密集型的，因为权重仍然在每次呈现输入模式时更新。

为了降低计算负荷，另一种方法是消除权重自适应过程中的振荡行为。

因此，只有在呈现所有模式之后，才会更新权重。也就是说，不是在一个模式中使用误差并立即更新权重，而是首先呈现所有模式，并根据累积误差更新权重。

上述方法依赖于误差的平方。这意味着大的误差往往会主导自适应过程。一种建议是累积误差的归一化，以便使用累积误差的平方根。

另一种方法是简单地使用误差的绝对值，通常称为 L_1 范数，而不是欧几里得范数或 L_2 范数。对于分类而言，重要的是错误分类的数量。因此，这被称为分类方法。

误差值的实际偏差并不太重要。如果预测有误差，则说明误差确实存在。误差的实际大小是无关紧要的。

4.18.5 学习速度和动量

更新过程的收敛速率由步长 η 所掌控，有时称为学习常量。如果 η 很小，则收敛速度较慢，因为权重以较小的增量来更新。另一方面，如果 η 很大，则收敛速度很快，因为每次对权重的更新都会使权重发生很大变化。而如果 η 太大，则会经常发生参数值的过冲而导致振荡行为，这将再次带来缓慢的收敛。在某些情况下，过冲也可能造成发散。

从权重值估计的准确性的角度来看，如果 η 很小，则可以获得更准确的估计，因为每次更新只能让权重值发生很小的变化，从而导致权重值无法在目标点周围徘徊。另一方面，如果 η 很大，则权重估计的准确性下降，因为权重值可能会离理想位置越来越远。

学习常数的正确设置非常关键。当输入数据已知时，可以确定 η 的上限是多少。最优值必须介于 0 和最大值之间。一些研究人员提出了一个学习规划，其中学习常数从最大值开始，并随着迭代的推进而逐渐缩小。

通常，广义增量规则的收敛速度较慢。为了加快收敛速度，有时会使用动量项。更新方程右侧的第一项是由步长 η 控制的常用梯度项。更新方程右侧的第二项称为动量项,取决于前面的变化。如果所讨论的特定权重的当前变化与先前的变化具有相同的符号,则动量项将增强变化。当梯度中所需的更改与连续的步骤具有相同符号时,这种额外的增强功能可能会呈指数级增长。

在更新方程中包含动量项会使更新本身成为一个自动回归过程。此过程可以分解为序列的表示形式。换言之,动量允许特定步骤的梯度影响后续步骤的更新。动量的使用通常会增加自适应的收敛速度。要添加的动量由正的常数 α 控制,$\alpha>0$。但在设置 α 的值时应谨慎,因为值过大可能会导致更新过程中出现不必要的振荡。

在 η 和 α 的选择之间存在微妙的平衡,因为这两个参数不是相互独立的。在许多应用中,甚至动量项也在计划编排中。

4.18.6　其他误差反向传播问题

在广义增量规则中,已证明该算法可以收敛,无论权重的初始值如何。但是,权重初始值的选择确实会影响收敛速率。很明显,如果初始权重的值接近最佳值,则收敛速度会很快。另一方面,如果初始权重远离最优值,则收敛过程取决于学习常数和动量常数的值。

虽然在神经网络中误差反向传播算法能够确定权重值,但该算法不会给出对于神经网络合理架构的任何提示。神经网络的架构必须由先验确定。

在谈论神经网络的架构时,用户必须确定层数和每层中使用的神经元节点数量。就输入层而言,输入维度通常由应用决定。同样,对于输出层而言,输出维度表示问题所需的类别或分类。因此,输出维度通常也由问题决定。至于隐藏层,要确定适当数量的神经元节点并不容易。一般的经验是从一个大数开始，然后递减；或者从一个小数开始，逐步递增。

4.18.7 反传播网络

在前面我们提到可以使用单层竞争学习网络来自动“发现”输入数据中固有的聚类。通常，标记类或将类合并到单个类中是非常必要的。这可以通过在竞争学习层之后添加一个特殊的输出层来实现，由组合网络架构表示。

网络中有两层。第一层是具有竞争性学习策略的 Kohonen 网络。网络的这一层的目的是在输入数据空间中自动和自适应地定位聚类。第二层称为反传播网络，有时称为外星（outstar），此层也称为 Grossberg 层。此网络的目的主要是合并在第一层中找到的聚类，并在所需的输出中标记聚类。

第一层的训练已经在前面的章节中介绍过了。一旦找到聚类，Kohonen 层中的某个神经元节点将表明特定的输入样本数据中处于活动状态的那一个。由于初始权重值是随机的，因此哪个神经元节点对特定输入样本的响应也是随机的，即使只有一个神经元节点处于活动状态。因此，第一层的输出可以被看作是一个置换向量，其中向量的所有元素除了处于活动的那一个例外，其他均为零。

第二层的添加允许网络操控置换向量。要将聚类合并到单个类中，可以从第一层的输出到输出层上同一神经元节点的输入建立连接。要使用特定的输出模式“标记”特定的类，只需使用第二层的权重即可生成期望的结果。换言之，第二层的权重是根据期望的输出来训练的。在训练的这个阶段，将向网络的第一层呈现一个样本模式。我们在此假设 Kohonen 层已经过训练。因此，权重值是固定的。模式的呈现导致第一层中的一个神经元节点变为活动状态，而其余所有神经元节点的所有输出均为零。单个激活的神经元节点连接到星形构型中输出层的每个神经元节点。因此，将其称为外星。通常,输出层的激活函数被视为线性斜坡函数。激活的神经元节点的权重值现在可以进行训练。事实上,权重只是期望的输出。

4.19 插值和径向基网络

误差反向传播的主要用途之一在于建模。另一层含义是,给定输入和输出对的样本,神经网络找到适当的转换,从输入空间可以正确、准确地映射到输出空间。映射也可以认为是函数逼近。转换是须从一组给定样本中逼近的函数。

函数逼近可以通过两种方式达成:找到合适的函数或插值。在第一种方法中,目标是确定函数并估计函数的参数,以便函数的输出充分生成预期的输出值。许多技术已朝着这个方向发展。大多数技术要求用户找寻函数的形式,并且由算法确定最佳参数值。因此,这就变成了一个参数估计的问题。

函数逼近的另一种形式是插值。虽然我们通常不太认同插值也是函数逼近,但从另一个角度来看,插值函数实际上用于近似值的估算。寻找合适函数方法称为参数逼近,因为函数是固定的,并且只有参数是变化的以适于应用。插值方法称为非参数逼近,因为没有指定的函数形式,函数形式随使用的数据点数量而变化。

4.19.1 插　值

为了突出神经网络与插值函数的相似性,本小节将回顾一些插值方法,特别是最近邻插值、拉格朗日插值和样条插值。

在最近邻插值法中,选择与未知输入点相邻的最近点。然后,将按与最接近未知点的所选点成比例计算未知输入点的函数值。该方法效果良好,无需训练。但是,在应用插值公式之前,必须确定最接近的点。

在拉格朗日插值法中,插值是通过定义拉格朗日函数来执行的。拉格朗日函数的形式是预先确定的,并且由给定的点构成。因此无需为插值选择点,因为函数中使用了所有的样本点。

实质上,拉格朗日函数是用于逼近模型的插值函数。拉格朗日插值的强大之处在于,插值函数会根据未知输入而改变。这与许多函数近似方法形成对比,包括 MLP,在此一个函数用于逼近输入数据的整个值域。

在拉格朗日插值中,给定样本点处的插值确保得到给定的函数值。由此,插值函数是连续的。最近邻插值法也是如此。但是,导数在样本点并不是连续的。在样条插值法中,给定的算法在样本点处的导数也是连续的。

4.19.2 径向基网络

径向基网络的推导基于正则化网络的原理。而对于典型的神经网络,目标是寻求最小化的成本函数,这里的成本函数通常被取为平方差。对于正则化网络,还添加了称为正则化项的附加项,其目标是找到一个函数(F),从而达到成本函数的最小化。成本函数由两个项组成,第一项是标准误差项,第二项是基于与所寻求函数的导数相关的某个运算(D)的正则化项。请注意,当λ变为零时,成本函数将退化为标准成本函数。通过包含正则化项,可以控制插值函数的“光顺度”,因为正则化项与函数的导数相关。Poggio(参考本章参考文献[1])已经证明,这种成本函数的最小化解决方案在于使用格林函数。径向基函数(Radial Basis Function,RBF)网络是由两层组成的神经网络。第一层是 RBF 层,第二层是编码层。RBF 层中的每个神经元节点都是由给定的样本点构成的。RBF 层中神经元节点的输出是格林函数。样本点作为一个中心点。将未知点与中心点进行比较，并且随着未知点远离中心(样本点)而减少神经元节点的值，此方法类似于欧氏距离的倒数。在大多数情况下，欧氏距离是径向对称的，因此而得名。本章参考文献也提到一些格林函数。

第二层中的神经元节点只是实现所有 RBF 输出关联起来所需的权重值。这类似于插值函数，其中每个中心点的贡献都是带加权的。与拉格朗日插值相比，格林函数与拉格朗日函数相当，权重是样本点的函数值。

从稍微不同的角度来看 RBF，确定 RBF 的权重和其他参数是一个参数估计问题。RBF 网络和 MLP 之间的唯一区别是，我们现在为第一层中的神经元节点指定特定的函数特性。我们现在不是使用典型的神经元节点(具有非线性转换的线性组合器)作为第一层，而是使用 RBF 神经元节点作为第一层。在这两种情况下，第二层保持不变。对于 MLP，网络参数(即权重)是通过源于链式规则的连续应用而产生的广义增量规则获得的。虽然第一层的功能形式可能已经改变，但仍然可以应用相同的过程。

到目前为止，RBF 网络是使用每个 RBF 神经元节点对应每个给定的样本点来构建的。当给定样本点的数量很大时，自然会产生大型 RBF 网络。将网络调整为比原始网络更小维度是有意义的。修剪网络的一种方法是使用具有代表性的样本点，而不是所有的样本点。换言之，如果可以先验地寻找聚类，则可以使用聚类的中心点或中心位置，而不是聚类中的所有样本点。但是，此方法在分析中增加了一个额外的步骤，因为用户必须先确定聚类的数量和位置，然后才能应用 RBF 网络进行建模。

另一种方法是将广义增量规则应用于 RBF 网络。对于第一层，要估计的参数是位置 (x_i)和中心的展开(C)。自适应过程现在执行两项任务：查找分组和估计分组的参数。对于分类数据，聚类的位置提供了一种汇总数据的有效方法。对于非分类数据，需要大量聚类。例如，直线的逼近值需要沿着整个直线上间隔着许多的中心点，以便将逼近值保持在所需的精度范围内。

4.20 单层反馈网络

在前面的章节中，单个前馈神经元节点被证明可以模拟许多组合电路元件的操作。在数字逻辑中，组合电路完全由前馈电路构成。数字逻辑的另一个方面是时序电路。时序电路的基本模块是触发器。触发器由所有组合电路元件组成，而由反馈连接在一起，反馈允许触发器“记忆”之前的信息。使用触发器和其他组合电路元件，构建了可记忆信息的时序电路。触发器存储一条信息，而移位寄存器记忆一个词汇。

如果 McCulloch - Pitts 神经元节点的输出作为输入之一而反馈回去，那么神经元节点的行为就像一个触发器。设 $X=[T,s,r,o]$，其中 o 是经过延迟元素后反馈给自身的神经元输出，并设 $W=[]$，则 McCulloch - Pitts 神经元节点表现为 S - R 触发器。换言之，当 SR = 00 时，触发器输出保持不变。如果上一个输出为 0，则下一个输出为 0。如果上一个输出为 1，则下一个输出为 1。但是，如果 SR 输入为 10，则无论上一个输出如何，下一个输出都是 1。同样地，如果 SR 输入为 01，则无论上一个输出如何，下一个输出均为 0。这也意味着所有时序电路元件都可以被 McCulloch - Pitts 神经元节点所取代，因此这是一个神经网络。

在单层反馈网络中，每个神经元节点的延迟输出都连接到除自身之外的所有其他神经元节点的输入。也就是说，不存在自激励。

网络由输入 X 初始化，产生初始输出。一旦网络被初始化，网络将继续更新自身，因为输出反馈到了自身。网络将继续变化，直到延迟输出产生完全相同的输出，由此该网络才处于平衡状态。

将反馈网络称为动态系统。对于前馈网络，输出始终只是输入的组合，只要输入保持不变，就不会随时间而变化。对于反馈网络，输入仅初始化网络。初始化后，网络输出将继续变化。根据网络的系统特性，动态系统可以继续变化或稳定在平衡点。在某些情况下，动态系统可能会发散，从而导致输出无限地增长。这通常发生在有正反馈的情况下。系统输出也可能产生振荡，称其为极限循环。这一系统既不收敛也不发散。当然，理想的情况发生在动力系统收敛到平衡状态时，即一个稳定的点。

对于动态系统而言，存在一个与网络状态相关的能量状态的概念。动态系统总是向着低能量状态运动。

4.21　离散单层反馈网络

当神经元节点的激活函数为离散值时，就会形成一个离散的反馈网络。反馈信息与 McCulloch - Pitts 神经元节点一起呈现。网络最初使用输入 i 启动，这将引起初始的输出。方程中的偏差可以像之前一样作为输入的一部分。在输入的初始呈现之后，模式被移除，网络的输出在单位时间延迟后反馈回输入。能量水平是神经元节点和权重的电流输出的函数。因此，在任何时候都有与网络相关的能量水平。

由于网络是动态的，因此训练过程并不那么容易。给定一组 P 输入数据样本点。在训练过程中，我们的想法是调整权重值，以便给定其中一个输入样本点作为网络的输入，而网络将产生与输入相同的输出。这是在没有自激励的情况下实现的。换言之，输入和输出之间没有不一致的，这是稳定性的条件。在训练过程中，输入样本将保留在输入端。然后调整误差，直到输出等于输入。调整权重，以便在输入端呈现相同的模式时，网络中未出现进一步的不一致，并且网络给出与输出相同的模式。在这一点上，可以说网络已经针对该模式进行了训练。我们可以训练网络记忆多个输入模式。这可以通过依次反复训练每种模式来实现。

可以看出，对于动态系统，随着网络的变化，每次变化都倾向于导致网络趋向于比以前更低的能量状态。

网络输出中的每个变化将始终导致能量减少或保持原状态。换言之，能量是非递增的，因为能量的变化总是负或零。

在记忆期间，权重是固定的。当网络由未知输入模式初始化时，初始输出被反馈到输入，网络连续调整其输出来响应其自身输出的变化。总之，单层反馈网络的训练和记忆都是多步骤的，这是反馈网络的特征。一旦网络经过训练，就可以检索经过训练的样本。

当在输出端引入新模式时，网络会立即尝试生成输出。如果输入模式是经过训练的模式之一，则经过训练的权重会导致网络生成与网络一致的输出，而不会产生进一步的变化。如果输入模式不是经过训练的模式之一，则网络输出将反馈到输入，从而导致网络发生变化。由于网络的每次变化都会导致网络状态趋向于较低的能量状态，因此网络最终将确定其中一个训练模式，因为每个训练模式都表示一个低能量状态。因此，有时会将离散单层反馈网络称为内容可寻址存储器。这意味着可以通过提供部分所需内存来检索存储的内存。要检索其中一个存储的模式，只需部分存储的模式即可初始化网络。基于部分输入，网络继续向外吸引其中一个存储模式的最低能量状态，从而在其输出处重新生成完整的存储模式。

内容可寻址存储器的用途很多。一个可能的应用是模式识别。存储模式同时包含模式及模式类的密钥。当未知模式呈现给网络时，网络会根据存储的模式检索或重新生成相应的密钥。换言之，模式已被识别。另一个应用是图像还原。当噪声模式呈现给网络时，噪声模式逐渐被存储的模式所取代，从而“清理”或恢复出图像。

4.22　双向关联存储器

双向关联存储器(Bidirectional Associative Memory，BAM)是反馈网络的一个特例。通常，神经元节点的输出被反馈到每个神经元节点的输入。在BAM网络中，单层神经元节点被分成两个部分，神经元节点的输出从一个部分连接到另一个部分中的所有神经元节点的输入，反之亦然。换言之，这里的相关性不是通过每个输入像素与每个其他输入像素之间的权重来构建相关性，而是在一个部分的神经元节点与另一个部分的神经元节点之间建立。

作为关联存储器，网络的一个部分可以包含数据，而网络的另一个部分包含关联数据的密钥。当数据呈现给网络的一个部分时，密钥则由网络的另一部分重新生成。同样，当密钥呈现给网络的一部分时，数据则由网络另一部分的密钥重新生成。同样，BAM网络也可用于模式识别。网络最初是使用模式和关联类的标签进行训练的。当向网络呈现未知的模式时，与最近的存储模式关联的密钥将在另一个部分重新生成。

4.23　Hopfield神经网络

基于电路排列的性质，Hopfield提出了一种反馈网络。Hopfield网络类似于单层反馈网络。在Hopfield的原始结构中，网络由电子元件组成。

一个神经元节点由运算放大器来模拟。运算放大器的输入是电流总和。电流由放大器的所有输出经由限流电阻而产生。这些电阻器类似于神经网络的权重。因此,运算放大器本质上是一个线性组合器,其输入权重连接到其他神经元节点的输出上。请注意,运算放大器的输入也连接到并联电阻-电容网络。电容器(一种非线性元件)的加入模拟了非线性的激活函数。

电路的行为可以根据电压和电流关系来描述,通过连接元件,节点方程写在运算放大器的输入端。

节点方程被称为运动方程,因为它决定了神经元节点的输出,即电压电平如何随时间变化。上面描述的能量函数已被证明是网络的李亚普诺夫函数。请注意,李亚普诺夫能量函数和运动方程成对存在,因为李亚普诺夫函数并非是唯一的。

Hopfield 神经网络的主要应用之一是优化。Hopfield 最初提出利用网络来解决旅行推销员(Traveling Saleman Person,TSP)问题。TSP 问题是一个 NP(Nondeterministic Polynomially,非确定性多项式)完全问题。该问题可以这样描述:给定 N 个城市的位置,找到连接所有城市的最短路径并返回到出发城市,必须访问所有城市且只能访问一次。

TSP 问题以及任何其他优化问题的解决方案是首先定义要最小化的目标函数。由于 Hopfield 神经网络倾向于向由李亚普诺夫函数定义的低能量状态移动,因此李亚普诺夫函数可以用作目标函数。然后通过将相应的运动方程应用于网络输出来找到解决方案。当网络收敛到低能量状态时,可以找到优化问题的可能解决方案。

在使用 Hopfield 神经网络求解 TSP 问题时,第一步是找到一种表示解空间的方法。给定要访问的 N 个城市,可以使用 $N \times N$ 神经元节点的阵列。每行表示要访问的城市,每列表示路径的顺序。如果神经元节点的输出表示一个排列矩阵,每行一个 1,每列一个 1,则排列矩阵表示可行且合理的路径。例如,给定五个城市(A,B,C,D,E),然后使用 5×5 的神经元节点阵列。如果数组输出为[0 1 0 0 0；1 0 0 0 0；0 0 0 0 1；0 0 1 0 0；0 0 0 1 0]，则路径为 B→A→D→C→E→B。

解决 TSP 问题的下一步骤是定义目标函数。由于能量函数具有二次型，因此目标函数也必须采用二次型。TSP 问题的主要目标是选择最短路径，因此，成本函数是路径长度。

除了成本函数之外，还需要强制实施进一步的约束条件，以确保解决方案是合理的路径。显然，如果销售人员不去任何地方，路径长度将为零，这不是一个可接受的解决方案。可通过在不满足约束时向成本函数添加惩罚来强制执行约束。若要强制每个城市只访问一次，则排列矩阵的每一行必须只包含一个 1。

最终目标函数是距离成本函数和由二次型表示的三个约束的加权组合。找到所需的目标函数后，下一步是以 Hopfield 神经网络的李亚普诺夫函数的形式来创建目标函数。请注意，即使 TSP 问题的公式指明神经元节点的阵列，也需由双索引单独标识，但实际上，神经元节点位于单个层中，因为任何神经元节点的输出都反馈到其他所有节点的输入。将能量函数改变为双索引形式，并将目标函数与能量函数相匹配，神经元节点的权重即可找到。

需要注意的是，这里没有对权重值进行训练。相反，权重值本身代表需要解决的优化问题。事实上，权重封装了问题本身。因此，问题在“记忆”模式下得到了解决。网络使用随机权重来初始化，然后放开。作为一个动态系统，当权重值固定时，网络输出会不断变化。每次变化都会导致能量函数减小，从而实现目标函数的最小化目标。最终，输出稳定在低能量状态，代表着问题的可能解决方案。

4.24 总 结

单个神经元节点代表一个基本的处理单元，可以用作各种系统和应用的基本构建块(building block)。单个神经元节点的基本定义是线性组合器，之后是一个非线性的激活函数。基于这样一个简单的处理元素，可以构建出非常复杂的系统。通过正确选择输入的权重值，神经元节点可以像任何布尔元件一样发挥作用。因此，与AND、OR和NOT门一样，可以使用它来构建功能强大的计算机，神经元节点的集合也有望执行复杂的任务。

在前馈网络中单层的神经元节点集提供了强大的映射功能，例如关联存储器、建模、函数逼近和分类。神经网络的强大之处不仅在于网络能够执行上述任务，而且更重要的是网络能够从给定的案例中学习如何执行任务。也就是说，网络能够自主学习。

当另外层级叠加成为一个多层网络时，我们已经假定这样的网络能够逼近于任意函数。广义增量规则(或通常称为误差反向传播法)的发展，进一步促进了MLP的使用。复杂和非线性的模型如今都可通过这种网络来建模。

当网络的输出反馈到输入时，可获得一个反馈网络，其功能类似于动态系统。动态系统不仅利于模式识别和图像增强的应用，更重要的是可用于解决优化问题。通过发挥网络的动态性的优势，可迭代地找到优化问题的解决方案。

参考文献

[1] Badiru, A. B. , & J. Cheung (2002), Fuzzy Engineering Expert Systems with Neural Network Applications, John Wiley & Sons, New York.

[2] Badiru, A. B. , & D. B. Sieger (1998), "Neural network as a simulation metamodel in economic analysis of risky projects", European Journal of Operational Research, Vol. 105, pp. 130-142.

[3] Milatovic, M. , A. B. Badiru, & T. B. Trafalis (2000), "Taxonomical Analysis of Project Activity Networks Using Competitive Artificial Neural Networks," Smart Engineering System Design: Neural Networks. Fuzzy Logic, Evolutionary Programming, Data Mining, and Complex Systems: Proceedings of ANNIE Conference, ST. Louis, MO, Nov 5-8, 2000.

[4] Sieger, D. B. , & A. B. Badiru (1993), "An artificial neural network case study: prediction versus classification in a manufacturing application," Computers and Industrial Engineering, Vol. 25, Nos. 1-4, pp. 381-384.

第5章

人工智能中的神经模糊网络应用

5.1 技术比较

计算智能或软计算[①]包括三个主要的研究方向:人工神经网络、模糊逻辑和进化算法。在解决问题的过程中,每个领域适用于问题的不同方面。相关的技术细节,请读者参考本章的参考文献。神经网络的优势是易于对未知系统进行建模。最流行的神经网络模型之一是基于线性组合器的非线性变换。利用反向传播算法可应用输入数据进行网络的训练,使其可对任意系统进行建模,即近似任意的函数。其他类型的神经网络模型,如反传播网络和径向基函数(RBF)网络,也使用稍有差别的拓扑技术和训练技术,从而得出函数的近似。此外,还有一系列完整的其他网络,如霍普菲尔德网络(Hopfield net),旨在解决开放性的优化问题。第三类型的神经网络,如Kohonen映射[②],通过自组织的权重值来更新算法,以此可用于发现聚类方式。使用略有不同的训练算法,还可以配置具有附加横向连接的单层感知

① 译者注:软计算是一种通过计算当前复杂问题来提出解决方案的方法,其中输出结果本质上是不精确或模糊的,软计算最重要的特征之一是自适应性,以便环境中的任何变化都不会影响当前的过程。

② 译者注:Kohonen映射又称为自组织映射(SOM),是1982年芬兰教授兼研究员Teuvo Kohonen发明的,其灵感来源于20世纪70年代的神经系统生物学模型。自组织映射是指在输入和输出空间之间保持拓扑结构的应用而提出的无监督学习模型,通过算法训练网络,用于聚类和映射(或降维)技术,将多维数据映射到低维数据,通过映射数据点之间的拓扑关系得到了最佳的保留,从而能够减少问题的复杂性。SOM的架构不同于典型的人工神经网络(ANN),是由神经元的单层线性2D网格组成,而不是由一系列层组成。

器，以进行主成分分析(PCA)[①]。PCA 是表示输入数据的另一种形式，仅在最低维度中表示那些最显著的特性。

对于输入和输出数据之间存在着已知或未知关联关系的建模，虽然神经网络非常适于这一方面，但通常需要大量的数据清理和预处理工作。换言之，输入数据必须仔细编码和准备，从而可提供用于网络的处理。应用神经网络的另一个难点是必须首先训练网络。输入数据越多，训练结果就越好；输入数据越丰富，模型就越准确。然而，训练需要大量的时间和资源。由于这些难点，神经网络无法在众多应用中得以推广。在许多决策系统中，对决策的过程做出解释非常重要，但从神经网络中推导出规则并非易事。

模糊逻辑的主要概念是使用隶属函数的非锐化边界，用于描述数据表示中所隐含的非精确的概念。从这个角度来看，模糊逻辑非常适合用户交互和数据表示。由于模糊逻辑本质上也是数值的，因此可将概念表达为数学变量形式并可进行运算。使用扩展原理，多数确定的运算可以轻易地转为模糊运算。在确定域中，使用回归或自回归移动平均(autoregressive moving average)表示法来创建模型。同样，在模糊域中，也可以使用模糊回归和模糊算子来开发模糊模型。因此，模糊运算既包括逻辑运算又包括数值运算。模糊逻辑的另一个有益的特征是可以进行推断。命题可很容易地使用模糊值来表示。由于蕴含也是一个模糊算子，因此近似推理自然也可以由模糊计算来承担。

显然，模糊逻辑的概念是对神经网络概念的补充。模糊逻辑提供简单的数据表示，而神经网络并不能提供任何的数据表示。模糊逻辑用于对系统进行建模，而神经网络特别适于针对不同类型的系统开展复杂的建模。然而，如果具有基本系统相关的先验知识，模糊逻辑可以随时以规则和关系

① 译者注：主成分分析是一种用于机器学习的降维无监督学习算法，是一种统计过程，其利用正交变换将相关特征的观测值转换为一组线性不相关特征。这些新变换的特征称为主成分，使之能以一个较高的精度转换成低维变量系统，再通过构造适当的价值函数，进一步把低维系统转化成一维系统。

的方式对知识进行封装，而应用先验知识对神经网络进行预编程则并不那么容易。针对某特定训练样本组，训练模糊模型也并不简单，而历史上已开发出许多用于训练神经网络的算法。

计算智能的另一个方面是进化算法，这类算法受到生物学的启发。主要原则是通过在一群具有活力的个体中进行遗传繁殖（复制），从而可产生解决方案，每个个体代表一个可能的解决方案。进化算法分为两大类：遗传算法和进化编程。遗传算法以基因（统称染色体）为基础，表示可能的解决方案。使用交叉运算配对的算法，可生成新的解决方案。而将变异用于丰富种群的基因库，并探索搜索空间中的未知领域。进化编程则不太强调遗传结构，而是使用变异作为生成结果的主要运算。

进化编程是一种搜索的方法论，适用于解决开放的优化问题。虽然神经网络已被证明可以解决诸如旅行推销员问题（TSP）之类的开放式问题，但详细的分析表明神经网络需要经过大量时间而收敛到一个局部的最小值。人们提出模拟退火（simulated annealing）算法，作为一种确保神经网络稳定找到全局的最小值，但该技术仍属于计算密集型，因为退火温度必须以非常缓慢的速度下降。进化编程则是一种更有效的搜索方式，因为算法的每个步骤都会产生新一代的解决方案。在神经网络中，目标函数及其所有后续约束条件必须显性地在编程中确定为权重。在进化算法中，该算法独立于目标函数和相关约束条件，仅需要每个解决方案关联一个成本函数。

将进化编程与模糊逻辑进行比较，这两种技术也是互补的。在模糊逻辑中，可以通过有序地执行正向链或反向链来达到开放的搜索。通常，这样的搜索是遍历的，因此该技术适用于小型解决方案集合的问题。在进化算法中，通过随机生成单个解来获得解决方案，因此，非常适合大型解决方案集合的问题。

对于复杂系统，没有哪一种技术可以轻易地满足问题的所有需求。在寻求解决手头问题的方法时，自然需要结合多种技术。这些系统称为混合系统。混合系统旨在利用各个系统的优势,并回避各系统的局限性。例如,神经网络自然能够学习,但对于模糊系统来说,学习是很棘手的。因此,若将两者相结合,则这类混合系统将以规则为基础,同时又可以学习和适应。另一方面,在神经网络中学习是缓慢的。因此,所提出的许多混合系统,其中模糊系统用于调整学习速率和动量项,从而加快收敛速率。在具备先验知识的系统中,使用规则和事实可轻松地对已知知识进行编码,而在神经网络中对先验知识进行编码则并不简单。这些只是混合系统示例的一小部分。在本章中,我们将研究神经网络和模糊逻辑之间的协同机制。

5.2 执行模糊运算的神经元

最简单的混合系统之一就是训练神经网络来执行模糊逻辑的运算。这类混合系统的主要优点在于降低时间复杂性。有许多供应商提供众多的神经网络芯片,这些芯片每秒可执行数十亿个神经连接。如果训练神经网络来执行模糊运算,那么也就会以相同速度来执行模糊运算。对于使用微控制器或计算机指令来模拟运算,这将是一个明显的优势。

经典集合论中三个最基本的运算是 AND、OR 和 NOT 运算。在模糊逻辑中对应的运算将是:最小值(min)、最大值(max)和补集(complement)。当模糊变量只有两个极值(即 0 和 1)时,模糊运算退化为相应的经典集合运算。在更为普遍的设置中,术语“合取”“析取”“求补”分别表示交集、并集和求补运算。

5.3 模拟模糊运算的神经元

让简单的神经元执行一些具有特殊排列的逻辑函数。本节将介绍合取、析取和求补网络的神经网络排列。

合取网络对模糊变量执行交集运算。使用标准 t - norm(t -范数)的定义,交集是所有模糊输入的最小值运算。可以使用具有特殊输入排列的标准前馈神经网络来执行此运算。该网络用于查找输入模糊值的最小值。假定确定的输入已被模糊化,模糊化值为 $p_i, i=1,\cdots,N$。为了使该网络正常工作,首先对模糊输入按 $p'_i, i=1,\cdots.N$ 进行排序,然后得到连续输入的不同的值。对于合取网络,加权函数预定义为 $1/n$。每当参数大于或等于 1 时,硬限幅器输出为 1,否则硬限幅器输出为 0。可将激活函数简单地理解为线性函数。因此,神经元的输出只是输入与连接权重值的加权和。

使用相同的基本架构,还可以获得析取网络。析取网络对模糊变量执行并集运算。使用标准 t - conorm(t -余范数)的定义,并集是对所有模糊输入的最大值运算。也可以使用具有特殊输入排列的标准前馈神经网络来执行此运算。

析取网络在于寻找最大输入的模糊值。假定确定的输入已被模糊化,模糊化值为 $p_i, i=1,\cdots,N$。为了使该网络正常工作,首先对模糊输入进行排序。对于析取网络,加权函数预定义为全部为 1。连接权重定义为 v_i。每当参数大于或等于 1 时,硬限幅器输出为 1,否则硬限幅器输出为 0。可将激活函数简单地理解为线性函数。因此,神经元的输出只是输入与连接权重值的加权和。

以同样的方式,还可以设计求补网络。求补运算是一元运算,因为补码仅应用于一个模糊变量。使用标准求补运算的定义，输出只是模糊输入与1的差值。因此，求补网络中有两个输入：第一个是模糊变量，第二个是常量变量。两个输入的对应连接权重值为−1和1。

混合神经元也是具有确定输入和确定输出的神经元。但是，模糊神经元不是执行加权求和之后进行非线性变换，而是执行其中某一种模糊运算，例如，t-范数或t-余范数运算。虽然这种神经元的适应性可能不是基于生物学的，但其拓扑和结构肯定是受到了生物学的启发。

对应于确定的输入，混合神经元也具有确定的权重。通常，在输入和权重组合时，不使用乘法和加法这一类算数运算，因为这些函数产生的结果值往往不一定位于0和1的区间之内。相反，模糊运算是首选，由此确保结果值位于0和1的区间之内。每个输入及其相应的权重可以使用连续运算进行组合，如t-范数或t-余范数。所有加权输入的聚合也可以使用任何模糊连续运算来执行。如果需要非线性变换，则使用连续函数将聚合值映射到输出。

混合AND神经元接受两个确定输入，并产生单个确定的输出。与每个输入相对应的是一个确定的连接权重。每个输入及其关联的权重使用析取(并集)运算($C(x,y)$)进行组合。然后，加权输入通过合取(交集)运算($T(x,y)$)聚合在一起。使用C表示t-余范数、T表示t-范数运算，由此可以表示混合AND神经元的输出。同样，混合OR神经元接受两个确定输入并产生单个确定输出。与每个输入相对应的也是一个确定的连接权重。每个输入及其权重使用合取(交集)运算($T(x,y)$)进行组合。然后，加权输入通过析取(并集)运算($C(x,y)$)聚合在一起，由此可以表示混合OR神经元的输出。同样，我们可以给出混合AND神经元和混合OR神经元的图。

5.4　执行模糊推理的神经网络

模糊逻辑系统的一个优势在于推理能力。模型特征通常写在事实和规则中。举一个规则的示例如下：

If x is X_i and y is Y_i then z is Z_i	If x is X_i and y is Y_i then z is Z_i

该规则规定，如果输入变量 x 属于隶属函数[①] X_i，而输入变量 y 属于隶属函数 Y_i，则输出变量 z 将属于 Z_i。实现规则和规则集的方法有很多种。本节将探讨这些方法。

5.5　具有明确输入和输出的常规神经网络

if - then(假定) 规则指向具有两个确定输入和一个确定输出的系统。虽然该规则处理模糊变量，但 x、y 和 z 本身是确定的。模糊值描述确定值分别在多大程度上属于 X_i、Y_i 和 Z_i 隶属函数。请注意，输出也是一个确定值。现在很容易看出，可以将假定规则视为一个黑盒，有两个确定输入和一个确定输出。因此，规则可用常规神经网络予以建模，如多层感知器。

如果输入和输出变量的隶属函数是先验已知的，则可以对隶属函数的

① 译者注：隶属函数也称为归属函数或模糊元函数，对于一个集合中的元素是否属于特定子集合的判定，可表示元素属于某模糊集合的真实度(degree of truth)。隶属函数由卢菲特・泽德(Lotfi Asker Zadeh)在 1965 年第一篇有关模糊集和模糊逻辑的论文中提出，隶属函数值域在 0～1 之间，针对定义域中所有数值给出函数定义。

值进行采样并用作神经网络的训练集，即<(x,y),z>，其中双精度浮点数的第一组值作为输入参数，而双精度函数的第二个参数作为输出。如果训练样本用于训练的 if - then 规则，则相同的训练样本同样也可用于训练神经网络。从 if - then 规则到神经网络的映射是直接和清晰的。如果有更多的输入和/或输出，则相应的神经网络也将具有相同数量的输入和输出。

5.6 具有模糊输入和输出的常规神经网络

对于某些问题，输入可能不是一个确定值，而是由相互关联的隶属函数定义的模糊值。在这种情况下，仍然可以使用常规的神经网络。方法之一是使用域值的离散数对隶属函数进行采样，而不是使用连续的间隔，而是以离散值进行隶属函数的采样。在这种情况下，神经网络的输入是位于输入参数离散位置的一组隶属函数值。隶属关系曲线的形状由所选位置的函数值表示。同样，输出隶属关系曲线也由离散点处的一系列函数值表示。以这种格式呈现的表示形式非常强大，因为现在可为整个隶属函数定出规则。

假设 X 和 Y，则 Z(If X and Y then Z)

此处，X、Y 和 Z 是隶属函数。使用一系列确定值，可以对每个隶属函数进行采样。X 和 Y 的整个序列可用作神经网络的输入。同样，整个序列也可用作神经网络的输出。训练序列是双精度函数$<(x_1, x_2, \cdots, x_n; y_1, y_2, \cdots, y_n), (z_1, z_2, \cdots, z_n)>$，其中第一个参数是包含 X 和 Y 的两个序列，第二个参数是包含输出 Z 的序列。现在可以使用标准反向传播法或其他标准技术反复训练神经网络，直到网络输出产出所期望的结果。

Uehara 和 Fuhise 提出了这种方案的变体。他们没有将域离散化并在这些离散点处对隶属函数进行采样，而是建议用一系列 α -截集(α - cut)来表示隶属函数。每个 α -截集表示一个间隔。在这种情况下,神经网络的输入将是不同 α -截集的一系列区间值。同样,神经网络的输出也将是相应的同样的 α -截集的一系列区间值。无论使用何种离散化方法,都可以轻松重构隶属函数。

5.7　模糊推理网络

通过对输入谨慎地重新排列,表明单个神经元可以作为模糊 AND、模糊 OR 和模糊求补运算符的功能,但真正重要的是神经网络模拟模糊推理过程的能力。

在近似推理中,系统由一组规则和事实表示。事实是从系统环境中获得的输入;规则描述模型的特征。使用一组预定义的隶属函数,将确定的输入转换为模糊变量。规则将模糊输入变量与模糊输出变量相关联。每个规则的前置符都是通过模糊输入变量的合取和析取而构造的。该推理是使用基于广义的肯定前件推理(modus ponen)、否定后件推理 (modus tollen)和假设三段论的蕴涵运算符做出的。执行推理后,对模糊输出变量进行模糊处理,从而生成确定数字的输出。

通过具有类似于多层感知器的拓扑结构的神经网络,可以模拟上述过程。理想情况下,网络的输入是确定的数字,网络的输出也是确定的数字。神经网络的第一层是对输入值进行模糊化。模糊化过程可以由 RBF 神经元层执行,或由专用于模拟隶属函数的特殊子网络来执行。每个 RBF 神经元模拟单个隶属函数,因此需要一组 RBF 神经元为各个确定输入生成模糊值的数组。

针对每个模糊规则前提,神经网络的第二层对模糊输入执行合取和/或析取运算。可模拟合取和析取的神经元前面已有介绍。这些专门的神经元将由第一层产生的模糊输入变量组合起来。如果规则前提过于复杂,则此处需要用多层来进行模拟运算。人们一般建议先是合取层,随后是析取层。

神经网络的第三层执行蕴涵运算。前提的模糊值用来限定输出隶属函数真实度。这也是一个合取运算,为了实现输出的隶属函数,使用一组神经元来表示各种可能的确定输出。该层中,神经元的输出受到来自前一层前提的真实度的限制。

第四层是结果层。这是一个析取层,因为结果通常被认为是所有推论中的 t -余范数。最终的结论为真实度的累积,即所有推论的并集。

最后一层是去模糊化过程。单个神经元用于单个确定的输出。权重的排列方式在于模拟一种去模糊化的方法。最常见的一种是质心法,其中确定输出是模糊输出值的质心。

5.8 自适应神经模糊推理系统(ANFIS)

自适应神经模糊推理系统(ANFIS)又称基于自适应网络的模糊推理系统,是一种基于自适应推理框架的人工神经网络。通过双重集成,该系统有可能在单个框架中既有神经网络的优点又有模糊逻辑的优势。其推理系统对应于一组模糊的 if - then 规则,这些规则具有学习能力,可用于近似非线性函数。因此,将 ANFIS 视为一个通用估计器。为了以更有效且最佳的方式使用 ANFIS,可以使用遗传算法获得最佳参数。大部分网络使用两层感知器进行模糊化。其推理基于 sigma - pi 神经元,并且不使用输出隶属函数,网络的输出直接产生一个确定的值。

ANFIS 的第一层由双输入感知器组成,具有通常的 sigmoid 形式。该层产生一系列 sigmoid 曲线。第一个输入来自确定输入值。第二个输入始终代表偏置。这里需要偏置来补偿确定的输入值。这与 sigmoid 函数偏移到理想值的中心效果相同。这一层神经元类似于使用单层感知器的其他神经网络。

接下来,第二层用于将 sigmoid 输出整理来形成隶属函数。该层由具有线性激活函数的双输入神经元组成,连接权重仅为 1 和 −1。通常,需要两个 sigmoid 函数来生成一个隶属函数。隶属函数是通过取两个 sigmoid 函数输出之间的差值得以实现的。

接下来的一层,由一组 sigma - pi 神经元组成。这些神经元的输出是加权输入的积,而不是加权输入的和。对模糊输入进行加权与乘积,从而实现前提的合取关系。在这种情况下,各种模糊输入的交集是通过积规则而非标准 (最小的,即 min)规则实现的。

最后一层只是一组具有线性激活函数的常规神经元,此层中每个神经元的输出是前一层的加权和。前一层的输出表示了特定规则的激活强度,而此层将规整不同规则激活的强度,从而生成一组确定的输出值。

相同的网络还有另一个变体,其中彻底消除第二层。如果将高斯变换用作激活函数而不是 sigmoid 函数,则可以使用高斯函数的曲线来代表隶属函数。如果存在大量语言变量[①],则可大大简化网络的拓扑。

要注意的关键点是,通过模拟神经网络架构中的模糊规则,可以使用标准的反向传播方法来训练网络,由此对训练模式做出响应。这意味着可以调整并学习隶属函数的形状以及规则的连接强度。训练完成后,如果需要,可以方便地将神经网络转换回模糊规则,这正是使用神经网络模拟模糊推理的主要优点所在。

---

① 译者注:模糊系统中的一些变量由模糊数而非实数表示,在特定的语境中,这些模糊数可能解释为“少量”“中等”“很多”等语言术语,这些变量被称为语言变量。

5.9 交换性的应用

如果直接应用神经网络模拟模糊逻辑，则可使用网络输出作为调整另一个神经网络参数的方式。我们已观察到，神经网络收敛的能力受学习速率和动量的影响极大。但是，为了选择关于学习速率和动量因子的恰当值，并不存在简单的方法。还有人认为，在该过程的训练阶段，适应性方案可能更为有效。

这种方法是由 Hertz 和 Hu(1992)提出的。Hertz 和 Hu 使用第二神经网络，根据一系列的启发式规则适应性地调整学习速率。这样第二神经网络模拟那些启发式的规则，并针对第一网络训练过程中所使用的学习速率生成建议值。为此，使用神经网络以及一个输入参数、一个输出参数。确定的输入参数是当前迭代的误差。首先，将确定输入值模糊化为 7 个隶属函数值(NL、NM、NS、ZE、PS、PM、PL)①，对应误差的正负以及误差量值的大小。Hertz 和 Hu 开发了多个启发式规则，并将这些规则预先编程到神经网络中。所有规则的排序规则针对学习速率的 4 个隶属函数值(ZE、PS、PM、PL)生成模糊值。网络的输出是一个单一的变量，即学习速率。4 个模糊输出值被去模糊化为单个确定值。

Baglio 等人(1994 年)提出了另一种应用，开展对城市交通噪声的建模，目标是预测穿梭的机动车辆所造成的城市噪声程度。然而，由于建筑物及其立面的屏蔽效应，噪声通常会得到缓和。他们的方法将传统神经网络的应用与模糊推理网络的应用进行了比较。研究发现，模糊推理网络的性能

---

① 译者注：NL = Negative Large(负大)、NM = Negative Medium(负中)、NS = Negative Small(负小)、ZE = Zero(零)、PS = Positive Small(正小)、PM = Positive Medium(正中)、PL = Positive Large(正大)。

可与传统神经网络相媲美。然而,在计算复杂性上,模糊推理网络远远低于传统的网络。

5.10　聚类和分类

在聚类中,虽然给定训练模式,但这些模式的准确的分组是未知的(参考本章参考文献[6])。通过反复观察训练模式,利用神经网络或模糊系统将训练模式分为不同的群组或聚类。在模式分类中,不仅训练样本是给定的,而且每个训练样本所属的聚类也是已知的。神经网络或模糊系统的任务是学习关联关系,以便系统可根据正确的分类成功识别输入模式。

如果将神经网络用于识别过程时,则神经网络的输入为双精度数 $<(x_1, x_2, \cdots, x_n), \text{Class}>$,其中第一个参数表示输入模式,第二个参数表示模式所属的类别。由于神经网络可以包容巨大的输入维度,因此在输入集中包含有原始数据集并不少见。如果使用模糊逻辑系统,则可以即刻将双精度数写到规则中。

如果 x_1 是 X_1 且 x_2 是 X_2 且…且 x_n 是 X_n,则为某类(Class)。

当使用规则来描述输入模式时,如果使用到少量的前提,则规则会更加有效。因此,原始数据模式通常会经过预处理,以减小原始数据集的维度,这样可以使用各种的变换,包括一维信号和二维图像的傅里叶变换。也可以使用其他的变换,如 PCA(主成分分析)和奇异值分解。如果需求进一步降低数据维度,则通常首先执行特征抽取的过程。经这一过程,抽取的特征作为规则的输入。在许多情况下,这些特征对人的识别是有意义的。因此,在向用户解释模糊逻辑系统的推理时,可以使用更易于用户识别的术语。

分　类

现在考虑一个具有两个输入的、简单的、两分类的系统。输入空间的每个维度都由一组隶属函数划分。隶属函数的边界将输入空间分隔为不同的区域,则每个区域都可以用类别编号予以标识。通过将输入参数进一步细分为附加隶属函数,很明显,任何聚类都可在输入空间上构成。

假设输入参数已分别设定了两个输入参数,即 $x_1 \in \{小,大\}$ ($x_1 \in \{Small, Large\}$)和 $x_2 \in \{小,大\}$($x_2 \in \{Small, Large\}$),则输入空间中有4个区域,分别对应着4个规则:

> 如果 x_1 为小,x_2 为小,则为类一。
> 如果 x_1 为小,x_2 为大,则为类一。
> 如果 x_1 为大,x_2 为小,则为类二。
> 如果 x_1 为大,x_2 为大,则为类二。

虽然隶属函数的数量是已知的并且设置为先验的,但可以改变隶属函数的准确形状和位置,从而获得准确的结果。如果使用训练样本来调整隶属函数的形状和位置,则可以达到这一点。

同样的问题也可以投射到 Sun 和 Jang 提出的神经网络范式中。神经网络将有两个输入参数和一个输出参数。

神经网络的输入将是两个输入参数都是确定的输入参数。神经网络的第一层是计算确定的输入参数和隶属函数之间的相似程度。这些神经元可以是 RBF 神经元或具有高斯激活函数的常规神经元。如果是高斯激活函数,则高斯曲线的可调参数是宽度和质心。也可以使用其他隶属函数,包括三角形和梯形形状的函数。对于三角隶属函数,可调参数为左下限、中心上限和右下限。对于梯形隶属函数,可调参数为左下限、左上限、右上限和右下限。无论使用何种激活函数,都可以通过标准的反向传播方法调整激活函数的各个参数。

神经网络的第二层模拟合取运算,用于连接前提的各个部分。此层的输出是当前规则的强度,指示输入参数与所述隶属函数的匹配程度。如果匹配度越高,则规则的强度越强;反之,如果匹配度较差,则规则的强度将大大降低。

神经网络的第三层是单层感知器。每个神经元的输出是上一层规则激活强度的加权和。非线性激活函数影响加权和,通常将该函数视为 sigmoid 变换。在本例中,由于只有两个类,因此可使用硬限幅器来指示输出是属于类一还是类二。

在训练期间,训练数据由输入数据及相关类的标识组成。由于第三层是单层感知器,因此可通过标准的反向传播方法调整权重。第二层执行合取运算。大多数情况下,在此层中没有可调整的参数。而神经网络第一层中的参数也可以通过相同的反向传播方法的概念来进行调整。

5.11 多层模糊感知器

Nauck 和 Kruse(参考本章参考文献[1])开发了一种特殊的三层感知器,称为模糊感知器。该系统缩写为 NEFCLASS,代表了所开发的数据分类的神经模糊系统 (neuro-fuzzy system for the classification of data)。模糊感知器旨在从训练样本中学习如何分离为不同的类。模式分类知识包含在模糊规则集之中。

模糊感知器由三层组成:输入层、隐藏层(或规则层)以及输出层。第一层执行确定输入参数的模糊化;第二层实现规则集的前提;最后一层执行去模糊化的操作。

- 第一层：执行模糊化过程，此层中的每个神经元输入一个确定的参数，并根据为该参数定义的隶属函数集输出一系列模糊值。每个输出模糊值指示输入确定值与相关语言概念之间的匹配程度。
- 第二层：对选定的模糊值执行合取运算。此层中的每个神经元执行一个模糊规则。神经元的输出是关联规则的激活强度，通过模糊隶属函数值的模糊 AND 所获得。
- 第三层：通过将所有规则的激活强度组合在一起，形成该类的一个估计值，以执行去模糊化过程。应该注意的是，输出实际上并不是产生特定类的估计值，而是表明每个类所估计的可能性。如需要，可使用一个第四层，如 MAXNET，通过选择具有最大输出的类来解释结果。

首先，用户必须定义模糊感知器的基本结构，有必要定义隐藏层中神经元的数量以及输入层中各种隶属函数的初始估计值。或者，可在训练中由迭代而增加到隐藏层中的神经元。当某一输入模式提交给网络时，将执行搜索，从而观察哪组输入模糊值将产生最佳输出。然后，如果在隐藏层中没有其他神经元来表示同一组的输入模糊值，则将所选模糊值集插入到隐藏层中。如果系统足够小，则有可能从所有可能的组合着手。在训练之后，使用评分方法来衡量每个规则的有效性，然后从系统中修剪掉所有表现不佳的神经元。

参考文献

[1] Badiru, A. B., & Cheung, J. (2002), Fuzzy Engineering Expert Systems with Neural Network Applications, John Wiley & Sons, New York.

[2] Badiru, A. B. ,& D. B. Sieger (1998),"Neural network as a simulation metamodel in economic analysis of risky projects," European Journal of Operational Research,Vol. 105,pp. 130-142.

[3] Baglio, S. , L. Fortuna,M. G. Xibilia,& P. Zuccarini (1994),"Neuro-fuzzy to predict urban traffic," in Proceedings of EUFIT94 Conference,Aachen,Germany,1994,pp. 20-29.

[4] Hertz, D. ,& Q. Hu (1992),"Fuzzy-neuro controller for backpropagation networks," in Proceedings of the Simulation Technology and Workshop on Neural Networks Conference, Houston, TX, 1992, pp. 540-574.

[5] Milatovic, M. ,A. B. Badiru,& T. B. Trafalis (2000),"Taxonomical Analysis of Project Activity Networks Using Competitive Artificial Neural Networks," Smart Engineering System Design: Neural Networks. Fuzzy Logic, Evolutionary Programming, Data Mining, and Complex Systems: Proceedings of ANNIE Conference, ST. Louis, MO,Nov 5-8,2000.

[6] Sieger, D. B. ,& A. B. Badiru (1993),"An artificial neural network case study: prediction versus classification in a manufacturing application," Computers and Industrial Engineering,Vol. 25,Nos. 1-4,pp. 381-384.